Simone Janson

Die 110%-Lüge

Simone Janson

Die 110%-Lüge

Wie Sie mit weniger Perfektion mehr erreichen

REDLINE | VERLAG

Bibliografische Information der Deutschen Nationalbibliothek
Die Deutsche Nationalbibliothek verzeichnet diese Publikation in der Deutschen Nationalbibliografie. Detaillierte bibliografische Daten sind im Internet über http://dnb.d-nb.de abrufbar.

ISBN 978-3-86881-027-1

Unsere Web-Adresse:
www.redline-verlag.de

Redaktion: Ulrike Kroneck, Melle-Buer
Umschlaggestaltung: Thomas Uhlig, www.coverdesign.net
Umschlagabbildung: iStock.com
Satz: Jürgen Echter, Landsberg am Lech
Printed in Germany

Inhaltsverzeichnis

Prolog: Stets perfekt und volle Leistung?

„Nur Höchstleistung führt zum Erfolg" – das war die Maxime, unter der sie aufwuchs und nach der sie lebte: in der Schule, im Studium – und natürlich auch im Beruf. Kein Tag, an dem sie nicht völlig gestresst war, kein Abend, an dem sie vor neun aus dem Büro kam, oft sogar noch später. Spaß im Job hatten andere, denn Arbeit war kein Spaß, sondern vor allem Pflicht. Diese Pflicht wollte sie so gut wie möglich erfüllen, auch wenn sie sich dafür jeden Morgen zum Aufstehen zwingen musste.

Dann kam eine Wirtschaftskrise, und die Firma verlor Aufträge. Alle begannen, um ihren Arbeitsplatz zu fürchten. Der Chef nutzte die Gelegenheit, seine Mitarbeiter zu mehr Leistung anzuspornen und gab die Parole aus: „Wir müssen alle härter arbeiten" – und sie richtete sich danach. Oft saß sie noch bis Mitternacht im Büro, weil sie nun versuchte, auch unwichtige Kleinigkeiten 110-prozentig zu erledigen, um den Anforderungen ihres Chefs gerecht zu werden. Der kleinste Fehler, die winzigste Unachtsamkeit konnte sie schließlich den Job kosten. Durch ihre hohe Leistungsbereitschaft glaubte sie sich vor einer Entlassung sicher: Wer, wenn nicht sie, hielt die Firma am Laufen und erledigte alles Liegengebliebene? Sie glaubte, alles unter Kontrolle zu haben – bis zu dem Tag, an dem sie entlassen wurde. Sie habe zu wenig Einsatz im Job gezeigt, zu wenig eigene kreative Ideen eingebracht und sich zu wenig an der Lösung aktueller Probleme beteiligt, bescheinigte ihr der Chef. Befördert wurden andere, die viel weniger getan hatten als sie, die jedoch mehr Präsenz gezeigt und mehr Einsatz zur Schau getragen hatten. Sie war tief enttäuscht – und begann zum ersten Mal an ihrer Lebensmaxime „Nur Höchstleistung führt zum Erfolg" zu zweifeln: Vielleicht war das alles eine einzige Lüge?

Sie beschloss, zukünftig anders zu arbeiten und sich selbstständig zu machen. Sie wollte nicht mehr jeden Abend bis spät in die Nacht im Büro sitzen, sondern selbst bestimmen, wann sie anfing und wann sie aufhörte. Sie wollte ihre kostbare Zeit nicht länger mit Meetings verschwenden, in denen nur sinnlos geredet wurde, sondern ihre Arbeit effizient durchziehen. Und sie wollte sich nicht für irgendeinen Chef aufreiben, sondern sich selbst verwirklichen und ihre Arbeit so machen, wie sie es für richtig hielt. Die berufliche Selbstständigkeit schien ihr die perfekte Arbeitsform. Dementsprechend groß war ihr Einsatz: Oft arbeitete sie viel intensiver und länger, als sie eigentlich vorgehabt hatte, und das ohne Unterlass und Entspannung.

Das musste schiefgehen. Ihre anfängliche Arbeitseuphorie schlug bald in Stress um, sie war müde, reizbar und unausgeglichen. Existenzängste befielen sie. Aber was noch schlimmer war: Sie begann, die Freude an der Arbeit zu verlieren. Statt mit Begeisterung ihr Tagewerk zu vollbringen, sah sie wieder nur noch eine Anhäufung von Pflichten, die erfüllt werden mussten. Durch den Druck, den sie sich auf diese Weise selbst aufbaute, trieb sie sich an und hetzte nur noch lustlos von einer Aufgabe zur nächsten. Die Arbeit, die sie sich doch selbst gewählt hatte, sah sie bald nur noch als notwendiges Übel, um ihren Lebensunterhalt zu sichern. Genau das verstärkte aber erneut ihre Existenzängste. Ihre Leistungsbereitschaft nahm spürbar ab, sie machte einfach nur noch, was unbedingt notwendig war. Schlimmer hätte es mit keinem Chef kommen können – und sie hätte sich noch nicht einmal über ihn beschweren können.

Als sie krank wurde, begann sie, ihre Arbeitsweise zu überdenken. Sicherlich gab es externe Faktoren, die Druck und Stress verursachten. Da war zunächst die finanzielle Unsicherheit, die eine Selbstständigkeit mit sich brachte. Da waren Kunden und ihre Wünsche, die erfüllt werden mussten, auch wenn sie es lieber anders gemacht hätte. Und da waren Konflikte mit Mitarbeitern, die den Arbeitsalltag verkomplizierten. Doch das wahre Problem, so fand sie bald heraus, lag in ihrer Einstellung zur Arbeit begründet. Sie hatte nicht nur Druck von außen, sondern vor allem auch zu hohe Ansprüche an sich selbst. Sie versuchte, stets alles um jeden Preis 110-prozentig zu machen, statt unwichtige Dinge auch mal gelassener anzugehen. Sie versuchte um jeden Preis, Fehler zu vermeiden – aus Angst Aufträge zu verlieren –, statt ihre Arbeit einfach nur so gut wie möglich zu machen. Sie verlor viel Zeit damit, Probleme und Entscheidungen immer wieder abzuwägen, statt sie einfach anzugehen. Kurz: Sie merkte, dass sie sich als typische Perfektionistin ihr Arbeitsleben schwerer machte, als es unbedingt nötig war. Die Frage war: Was konnte sie dagegen tun?

Einleitung: Was ist eigentlich Perfektionismus?

Es gibt Menschen, für die es selbstverständlich ist, auf dem einfachsten Weg schnurgerade zum Ziel zu gelangen. Die auch bei größten Schwierigkeiten gelassen bleiben, die Konflikte stets charmant und eloquent angehen und denen auf diese Weise alles mühelos zu gelingen scheint, sodass es aussieht, als ob sie mit links Karriere machten.

Um es gleich vorab zu sagen: Solche Verhaltensweisen zeigen perfektionistische Naturen nicht. Zwar sind Menschen, die zum Perfektionismus neigen, in der Regel leistungsbereit, zielstrebig und durchsetzungsfähig – alles Eigenschaften, die ihnen gerade im Job den einen oder anderen Vorteil verschaffen. Und gerade hier, im Berufsalltag, wird es wie in keinem anderen Bereich sogar von uns erwartet, immer 110 Prozent zu geben, sodass viele Perfektionisten geradezu stolz auf diesen Charakterzug sind. Doch mit der Zeit, nachdem man stets für die Firma bis an die eigene Leistungsgrenze gegangen ist, aber immer noch auf der gleichen Gehaltsstufe steht, während andere schon längst auf der Karriereleiter vorbeigezogen sind, erkennt so mancher Perfektionist: Auch wenn im Job Perfektion verlangt wird, ist das keinesfalls immer hilfreich. 110-Prozent-Leistung bedeutet nicht automatisch Erfolg und Karriere.

Denn auch wenn der Wunsch, etwas besonders gut, richtig und ordentlich machen zu wollen, völlig normal und menschlich ist und beinahe jeder Mensch ein bisschen perfektionistisch ist: Menschen mit dem Hang zum übertriebenen Perfektionismus machen sich den Berufsalltag oft unnötig schwer. Sie fordern beispielsweise von sich und anderen stets Höchstleistungen, die sie jedoch selbst kaum erreichen können. Dadurch sind sie dauerhaft unzufrieden, ihr Selbstwertgefühl nimmt ab, und sie werden besonders anfällig für Kritik. Gern denken Perfektionisten stundenlang über ein Problem nach, ja, sie wälzen die Argumente dafür regelrecht hin und her, malen sich pessimistisch die schlimmsten Folgen aus. Am Ende kommen sie aber nur selten zum Ergebnis und schieben so wichtige Entscheidungen ständig vor sich her. Oft arbeiten Perfektionisten bis zum Umfallen. Sie sind dabei aber häufig nicht besonders effizient, weil sie nur schlecht wichtige Dinge von unwichtigen trennen können; statt sich also auf das Wesentliche zu konzentrieren, wollen sie auch noch jedes noch so kleine Detail mit perfekter Akribie abarbeiten. Bei Kollegen und Chefs sind Perfektionisten eher unbeliebt, denn sie neigen dazu, andere Menschen ständig zu kritisieren, wollen stets die Besten sein, sind misstrauisch und wollen alles kontrollieren.

Denn Perfektionismus ist eben keine gesunde, positive Leistungsbereitschaft. Vielmehr fühlen sich Perfektionisten häufig zu ihrem Handeln getrieben und gezwungen: Wer alles perfekt machen will, tut das in der Regel, weil er Fehler um jeden Preis vermeiden will und Angst vor Sanktionen hat. Er hofft, durch bessere Leistungen mehr Anerkennung zu bekommen und durch ein Höchstmaß an Perfektion beängstigende Dinge unter Kontrolle zu halten. Im Job verstärken Faktoren, wie eine Wirtschaftskrise, die Angst um den Arbeitsplatz sowie der Leistungsdruck, der von Chef und Kollegen aufgebaut wird, zusätzlich den Druck, den sich Perfektionisten ohnehin schon selbst auferlegen. Viele Perfektionisten sind dem auf Dauer nicht gewachsen und legen manchmal sogar widersprüchliche und irrationale Handlungen an den Tag: Ihre perfektionistischen Verhaltensweisen ufern aus, ihre Ordnungsliebe schlägt um in Pedanterie und Rigidität, und sie tun Dinge, die ihrer Karriere sogar schaden können, etwa, wenn sie wichtige Aufgaben immer wieder vor sich herschieben.

Doch kein Mensch erwartet von Ihnen, dass Sie Ihre perfektionistischen Verhaltensweisen auf der Stelle in das Gegenteil verkehren – auch Sie als Perfektionist sollten nicht den Fehler machen, erneut derart hohe Ansprüche an sich zu stellen. Außerdem gibt es sehr viele unterschiedliche Ausprägungen von Perfektionismus und daher kein Patentrezept, sie abzuschalten. Aber in einigen Punkten können Sie sicherlich Ihre bisherige Einstellung überdenken und Ihre Verhaltensweisen Schritt für Schritt ein wenig optimieren.

Das Problem betrifft dabei alle Hierachiestufen, vom Chef bis zum kleinen Angestellten. Und genau deshalb wurden für das Buch auch Beispiele gewählt, in denen es mal um die Zusammenarbeit mit gleichrangigen Kollegen, mal um das Verhältnis zu Vorgesetzen und mal um das Agieren mit untergeordneten Mitarbeitern geht.

Dieses Buch wird Ihnen dazu verhelfen, nicht alle Projekte so wichtig zu nehmen, dass Sie dafür immer an Ihre Leistungsgrenzen gehen wollen. Es kann dazu beitragen, dass Sie nicht mehr stundenlang Entscheidungen abwägen, sondern Probleme einfach einmal anpacken. Es soll Ihnen bei der Umstellung Ihrer Arbeitsorganisation und Zeitplanung nützlich sein. Und es zeigt Ihnen, wie Sie als eingefleischter Perfektionist mit Chefs und Kollegen besser klarkommen, als das vielleicht heute der Fall ist.

To do

So hilft Ihnen dieses Buch

Um Sie dabei zu unterstützen, gibt es in jedem Kapitel neben einem grundlegenden Text zum Thema einige praktische Übungen, die mit speziellen Icons gekennzeichnet sind. Sie finden zum Beispiel Techniken, die Ihnen helfen, Ihre zu hohen Ansprüche herunterzuschrauben, unnötiges Grübeln abzustellen oder sich besser zu entscheiden. Und Sie erfahren, wie Sie Zeitmanagement betreiben, Arbeiten mit Kollegen teilen oder an Mitarbeiter weiterdelegieren oder Ihre Kommunikation mit anderen verbessern. Einige Techniken sind sehr einfach und lassen sich schnell und jederzeit als praktische Übung durchführen. Gerade aber wenn es darum geht, grundlegende Einstellungen zu ändern, werden Sie dafür etwas mehr Zeit brauchen, weil Sie darüber nachdenken müssen. Auch wenn die Versuchung groß ist, die Übungen aus Zeitgründen im Kopf zu machen, weil Sie noch dringend „so viele andere Dinge zu erledigen haben“: Nehmen Sie sich ein paar Minuten und machen Sie die Übungen schriftlich. Wenn Sie schriftlich denken, wird Ihnen vieles klarer. Vor allem können Sie hinterher immer wieder auf diese Ergebnisse zurückgreifen.

Verzeihen Sie mir, wenn ich im Text der Einfachheit halber durchweg die männliche Form, beispielsweise Perfektionist/Perfektionisten, verwende – natürlich sind damit auch Perfektionistinnen gemeint. Und natürlich beziehen sich alle Beispiele sowohl auf weibliche wie auch auch auf männliche Perfektionisten, denn das Problem ist keinesfalls auf ein Geschlecht beschränkt.

!

STOP

To do

z.B.

Tipp

Das Buch wird Sie aber auch für die Ursachen des Perfektionismus, für die Abläufe in Ihrem Körper und für die gesellschaftlichen Zusammenhänge, die diesen ungesunden Perfektionismus hervorrufen, sensibilisieren. Wenn Sie nach der Lektüre des Buches auch nur ein wenig gelassener und zufriedener werden, dann hat das Buch seinen Zweck erfüllt. Daher nun viel Spaß!

Ursachenforschung

Warum lassen wir uns durch stressige Situationen derart unter Druck setzen, dass wir meinen, unbedingt perfekt funktionieren zu müssen. Leider lässt sich die Frage nicht eindeutig und „perfekt“ beantworten: Die *eine* Ursache für den menschlichen Wunsch nach Perfektion gibt es nämlich nicht, sondern vielmehr einen ganzen Ursachenmix: Wie viele Wesenszüge ist auch eine gewisse Tendenz zum Perfektionismus bei manchen Menschen offenbar angeboren. Untersuchungen der Charaktere von getrennt und gemeinsam aufgewachsenen eineiigen Zwillingen verdeutlichen aber auch: Die genetische Veranlagung ist nur ein Teilfaktor, der durch das, was ein Mensch im Laufe seines Lebens lernt und erfährt, noch erheblich gefördert wird – oder eben nicht. Vereinfacht gesagt, ist Perfektionismus vor allem auch ein Verhalten, das man sich angewöhnt hat. Und man kann es auch wieder ändern.

Tipp

Verhaltensweisen ändern

Durch alles, was wir erleben und erfahren, verschalten sich die Nervenzellen in unserem Gehirn immer wieder neu. Der Fachbegriff dafür ist Neuro-Plastizität. Daraus folgt, dass sich einmal erlernte Verhaltensweisen auch wieder ändern lassen. Wenn Sie aktiv etwas an Ihrem Verhalten ändern wollen, müssen Sie die entsprechenden Verhaltensweisen einüben und so für neue Verschaltungen sorgen. Allerdings brauchen Sie dafür etwas Geduld: Experten gehen davon aus, dass Sie eine Handlung einundzwanzig Mal ausgeführt haben müssen, bis Sie die neue Verhaltensweisen verinnerlicht haben.

Perfektionismus – nur ein erlerntes Verhalten?

Alle Menschen lernen, indem Sie sich bestimmte Verhaltensweisen bei anderen abschauen. Oder indem sie zufällig eine bestimmte Handlung ausführen. Sind die Reaktionen der Umwelt positiv, wird die Handlung wieder ausgeführt. Bei negativen Reaktionen jedoch wird das Verhalten zukünftig vermieden. Das fängt schon in der Kindheit an: Eltern oder Lehrer loben Kinder für richtiges Verhalten und gute Leistungen oder zumindest tadeln sie sie nicht. Wenn die Kinder jedoch etwas falsch machen, erfolgt in der Regel eine Bestrafung. Dadurch lernt ein Kind:

„Wenn ich mich richtig verhalte oder mich anstrenge, ist das gut, wenn ich etwas schlecht mache, bekomme ich Probleme.“ Aber das Kind hat auch erfahren: „Wenn ich eine bestimmte Reaktion erreichen will, muss ich mich auf eine bestimmte Art und Weise verhalten.“ Verhaltenspsychologen nennen das Konditionierung.

Doch wir Menschen lernen auf diese Weise nicht nur, unser Verhalten den Reaktionen unserer Umwelt anzupassen; wir lernen mit zunehmendem Alter auch, uns selbst und unsere Handlungen zu bewerten und unser Verhalten dadurch zu steuern. Für bestimmte Verhaltensweisen belohnen oder bestrafen wir uns fortan selbst mit entsprechenden positiven oder negativen Gedanken. Daraus folgt: Wer als Kind viel Lob erfährt, wird später auch eher selbstbewusst und optimistisch von sich denken. Wer jedoch häufig kritisiert wird, tendiert dazu, sich selbst und seine eigenen Fähigkeiten negativer zu beurteilen, als es manchmal notwendig wäre. Denn auch wenn die negativen Selbstbewertungen anfangs noch die eigenen Erfahrungen wiedergeben: Verfestigen sich solche Denkmuster, so wird man sich auch dann negativ beurteilen, wenn die Wirklichkeit inzwischen weitaus positiver ist.

Auch Kritik hat eine wichtige Funktion!

Natürlich, auch zu viel Lob kann schädlich sein. Denn die negativen Erfahrungen, so frustrierend sie manchmal sein mögen, haben eine wichtige Funktion: Sie zeigen uns Grenzen für unser Handeln auf und führen so dazu, dass wir unsere Fähigkeiten realistisch einschätzen lernen. Dadurch lernen wir, mit den vielen Konflikten und Problemen, die uns tagtäglich begegnen, umzugehen.

Problematisch ist jedoch übertriebene Kritik, etwa dann, wenn die Eltern selbst perfektionistisch veranlagt sind und zu hohe Ansprüche an das Kind haben. Ein Beispiel hierfür ist die Bewertung von Schulleistungen:

Der kleine Max, der bislang fast nur Fünfen in Mathematik geschrieben hat, schreibt plötzlich eine Drei. Eine deutliche Verbesserung. Max könnte nun von sich denken: „Hey, super, das Lernen hat etwas gebracht“ und sich damit für seine Anstrengungen gedanklich belohnen. Doch sein Vater ist nicht zufrieden: „Da habe ich dir die teure Nachhilfe bezahlt und dann schreibst du wieder nur eine schlechte Note“, schimpft er. Max denkt nun automatisch auch: „Mensch, bin ich blöd, dass ich nur eine Drei geschrieben habe.“ Durch seine negative Selbstwahrnehmung schafft er sich negative Gefühle und bestraft sich dadurch selbst. Je älter er wird, desto unabhängiger wird Max vermutlich von der Meinung seines Vaters werden, weil er lernen wird, sich selbst zu bestrafen und zu belohnen. Aber die Auffassung, dass eine Drei immer noch nicht gut genug ist, wird ihm vermutlich erhalten bleiben.

Dauerhaft zu hohe Ansprüche können zu übertriebenem Perfektionismus führen

Auch wenn es nicht so weit kommt und wenn genügend aufbauende Erfolgserlebnisse eine Persönlichkeit festigen und stabilisieren: Im Extremfall können übertrieben hohe Erwartungen an ein Kind auf diese Weise dazu führen, dass ein Mensch in dem Bewusstsein lebt, nur gelobt und geliebt zu werden, wenn er perfekt ist und immer nur absolute Höchstleistungen bringt.

Doch negative Erlebnisse jeder Art sind frustrierend und verletzend – und niemand wird gern frustriert oder verletzt. Die Psyche bedient sich daher zunächst eines Tricks, um das Frusterlebnis besser zu verarbeiten: Sie erschafft einfach eine heile und perfekte Welt, in der nur die positiven Dinge Platz haben. Negative Dinge werden schlicht ausgeblendet, so, als gehörten sie nicht dazu. Das perfekte Ideal wirkt dabei wie ein Schutzmantel, der die harte Realität zunächst ein wenig abfedert. Das ist eine notwendige Funktion, die dabei hilft, schlechte Erfahrungen allmählich zu verarbeiten.

Psychoanalytiker sehen dieses Verhalten in der frühen Kindheit begründet: Kinder idealisieren zum Beispiel ihre Mutter, die ihnen Liebe schenkt, klammern aber gleichzeitig aus, dass dieselbe Person auch mit ihnen schimpft. Erst allmählich, durch die immer wieder gewonnene Erkenntnis, dass Frust und Freude von demselben Menschen kommen, lernen sie, dass die Realität nicht dem Ideal entspricht. Und sie lernen, diese Realität mit der Zeit auch zu verstehen und damit umzugehen.

STOP

Vorsicht vor übertriebener Idealisierung

Schwierig wird es, wenn ein Mensch es nicht schafft, die perfekte Welt wieder zu verlassen, sondern sich krampfhaft darin festklammert und versucht, das Ideal um jeden Preis aufrechtzuerhalten. Denn dann kann er nicht mehr angemessen auf die Außenwelt reagieren.

So wirkt sich Perfektionismus aus

Bei Verunsicherung und in schwierigen Situationen, zum Beispiel bei Stress im Job, bei Konflikten mit Kollegen, wenn es neue Entwicklungen im Unternehmen gibt oder wenn sie Angst um den Arbeitsplatz haben, reagieren Menschen häufig mit diesen Verhaltensmechanismen: Sie wollen die heile und perfekte Welt, in der sie sich gut fühlen, bewahren. Das erhält die Illusion, auch schwierige Situationen stets unter Kontrolle halten zu können. Das geht natürlich am besten, wenn nichts das Ideal stört: Vorgesetzte, die einen loben, Kollegen, die einen mögen oder Kunden, die immer wieder kommen, vermitteln das Gefühl, dass alles perfekt ist. Um das zu erreichen, will man alles so gut machen wie möglich, denn man hat ja gelernt: „Wenn ich mich anstrenge, ist das gut."

Perfektion im Beruf – klar!

Es ist völlig normal und verständlich, dass Menschen im Beruf perfekt sein wollen, weil gerade die moderne Arbeitswelt dieses Verhalten begünstigt: Sie belohnt Höchstleistungen und den perfekten, schönen Schein.

Doch nicht immer geht alles glatt: Wir bekommen eben nicht andauernd die positiven Reaktionen, die wir uns wünschen. Das geht uns allen so. Manchmal erwarten Chefs, Kollegen und Kunden einfach zu viel von uns, manchmal finden es die anderen einfach völlig normal, dass wir uns anstrengen. Und manchmal machen wir trotz aller Anstrengung Fehler. Das ist zwar frustrierend. Aber es lässt sich nicht vermeiden, denn der Frust gehört einfach dazu. Entscheidend für unseren Erfolg ist vielmehr, wie wir mit diesen großen und kleinen Frustrationen umgehen.

Einige Menschen lernen daraus, dass übertriebene Anstrengungen nicht immer Erfolg versprechen und finden sich damit ab. Sie haben erkannt, dass sie die Umstände nicht ändern können und blicken stattdessen optimistisch nach vorne. Sie sagen sich zum Beispiel: „Schade, dass es nicht geklappt hat, diesen Job zu bekommen. Ich hätte wirklich gerne in dieser Firma gearbeitet. Doch das Leben geht weiter. Ich werde sicher wieder eine Chance bekommen." Aus dieser optimistischen Grundhaltung heraus bemühen sich diese Menschen jedoch auch immer wieder, ihre Ziele zu erreichen. Denn gerade weil sie die negativen Erfahrungen als gegeben hinnehmen können, sind sie eher bereit, mögliche Frustration zu riskieren, um ihr Ziel zu erreichen. Auf diese Weise gelangen sie schließlich in vielen kleinen Schritten zum Erfolg.

Perfektionisten allerdings tun sich schwerer damit, Verhaltensweisen, die sie sich in vielen Jahren angewöhnt haben, einfach über Bord zu werfen und auf Frust gelassen zu reagieren. Denn sie haben gelernt, dass perfektionistisches Verhalten sie vor negativen Erfahrungen schützt und hilft, Schwierigkeiten zu vermeiden. Daher haben sie höchste Ansprüche an sich und sind bereit, alles zu geben. Im Gegenzug erwarten, ja fordern sie geradezu, dass andere Menschen gut zu ihnen sind und dass das Schicksal sie gerecht behandelt – sozusagen als Belohnung. Solche Menschen haben häufig drei grundlegende Imperative verinnerlicht: „Ich muss perfekt sein! Andere Menschen müssen mich fair behandeln! Die Welt muss mir mein Leben leicht machen!" Wenn aber eine dieser Erwartungen nicht erfüllt wird, reagieren sie, statt ihre extreme Einstellung aufzugeben, mit übertrieben starken Frustrationsgefühlen.

STOP

Aufgeben aus Frust

Es kann vorkommen, dass diese eigentlich sehr leistungsbereiten Menschen resignieren, statt weiterzumachen. Sie sagen sich dann: „Es ist sinnlos, dass ich mich weiter anstrenge, ich mache doch immer nur alles falsch!", und erledigen dann selbst wichtige Aufgaben nicht mehr.

Dabei unterscheidet man zwei Typen von Perfektionisten: Introvertierte Perfektionisten verstärken, wenn die positiven Reaktionen ausbleiben, ihre Bemühungen um Perfektion noch mehr und stellen noch übertriebenere Erwartungen an sich. Wenn auch das nicht funktioniert, geben sie sich selbst die Schuld. Die Folgen sind häufig Minderwertigkeitsgefühle und Selbstzweifel. Auf Kritik reagieren sie dann besonders empfindlich, und Lob können sie, wenn überhaupt, nur halbherzig annehmen. Extrovertierten Perfektionisten hingegen bewältigen schwierige Situationen ein wenig anders: Sie suchen die Schuld für ihren Frust nicht bei sich, sondern bei anderen. Eigene Fehler können sie nur schlecht zugeben. Ohnehin können sie schwer von ihrer Idealvorstellung abrücken und sich auf Kompromisse einlassen.

Gemeinsam haben beide Typen allerdings eines: Sie tun sich in der Regel sehr schwer damit, von ihrer Einstellung abzurücken, selbst wenn sie im Berufsalltag auf Schwierigkeiten stoßen, da sie frustrierenden Ereignissen ja schwerlich *immer* aus dem Weg gehen können. Der Perfektionismus kann auf diese Weise zu einem ernsten Problem werden: Wer einen immer größeren Aufwand betreibt, um die ideale Vorstellung aufrechtzuerhalten, um vor Frust verschont zu werden, kann in einen regelrechten Teufelskreis geraten. Das kann sogar dazu führen, dass perfektionistische Verhaltensweisen, übertrieben und zwanghaft ausgeführt werden. Der Betroffene kompensiert damit jeden Anflug von Unsicherheit und erhält sich damit die Illusion, alles im Griff zu haben. Damit nimmt er sich aber gleichzeitig ein gutes Stück Lebensqualität. Psychologen sprechen bei einer solch extremen Ausprägung sogar von einer zwanghaften oder anankastischen Persönlichkeitsstörung.

Simplify your life – oder?

Natürlich ist es wichtig, dass man sich das Leben so einfach wie möglich macht. Aber der Schuss kann nach hinten losgehen – nämlich dann, wenn wir zu sehr in bequemen Kategorien denken. Und leider ist unser Gehirn geradezu prädestiniert dafür.

Der Hang zum Vereinfachen

Menschen neigen dazu, Dinge zu vereinfachen. Hier folgen ein paar Beispiele – vielleicht kommt Ihnen ja das eine oder andere bekannt vor? Etwa Gedanken wie „Das Essen in der Kantine ist immer so furchtbar!“, „Die im Nachbarbüro arbeiten ja nie!“ oder „Ich habe einen Fehler gemacht – ich bin ja völlig unfähig!“ Und denken Sie einmal in Ruhe darüber nach: Ist das Essen in der Kantine wirklich *immer* so furchtbar oder verallgemeinern Sie gerade einzelne Erfahrungen? Sind die Kollegen im Nachbarbüro wirklich so faul, wie Sie meinen – oder ist das nur Ihre *persönliche* Ansicht? Wären die nicht schon längst ihren Job los, wenn sie wirklich *nie* arbeiten würden? Und auch wenn Sie sicher nicht immer alles richtig machen: Sich selbst als *völlig* unfähig zu bezeichnen, ist sicher ein wenig übertrieben, oder? Und doch sind das typische Denkfallen, in die gerade perfektionistische Naturen tappen – und die das Leben unnötig kompliziert machen können.

Warum das Hirn nur Schwarz-Weiß sieht

Sie stehen also nicht alleine da: Menschen neigen dazu, Dinge ein wenig zu vereinfachen. Der Grund dafür ist im Gehirn zu suchen: Tagtäglich stürmt eine Vielzahl von Reizen auf den Menschen ein. Von dieser Masse an Sinneseindrücken nimmt das Gehirn aber nur einen kleinen Teil auf. Allerdings nicht zufällig: Das Gehirn wählt vor allem solche Informationen aus, die es in bereits bestehende Denkmuster eingliedern kann. Im Klartext: Was wir wahrnehmen, wird sehr stark von unserer Überzeugung, unseren bisherigen Erfahrungen, Einstellungen und Interessen beeinflusst. Darüber hinaus werden Reize, die starke Gefühle auslösen, schneller und besser verarbeitet als Informationen, an denen man nicht emotional beteiligt ist. Vielleicht haben Sie sich beim letzten Gang in der Kantine außerordentlich stark vor dem Essen geekelt oder sich gerade über die Kollegen im Nachbarbüro geärgert – und diese Ereignisse sind Ihnen dann besonders in Erinnerung geblieben? Das würde erklären, warum Sie diesbezüglich zu Übertreibungen neigen.

Denn was Menschen sich merken, ist keinesfalls objektiv, sondern sehr selektiv. Würde das Gehirn nicht derart ökonomisch arbeiten, könnte es gar nicht alle Reize bewältigen – der Mensch wäre schlicht überfordert. Es ist daher in gewissen Grenzen sogar sinnvoll, zu vereinfachen und zu verallgemeinern. Denn dadurch können Sie neue Informationen schneller verarbeiten, als wenn Sie versuchten, wirklich alle Aspekte zu berücksichtigen – schließlich ist es gerade im Job oft sehr wichtig, dass Sie neue Situationen oder andere Menschen richtig einschätzen und entsprechend reagieren. Im Abschnitt zu Zweifeln und Thinkaholimus (s. Kapitel „Ich denke, also bin ich“) können Sie sehen, welche Schwierigkeiten es Perfektionisten mitunter bereiten kann, einfacher zu denken und entsprechend schnell zu reagieren. Wen wundert es da, dass Simplify-Tipps für ein vereinfachtes Leben regelrecht Konjunktur haben und nach und nach alle Lebensbereiche ergreifen: Arbeit, Geld, Management – und sogar die Liebe.

Heißt das also: Je einfacher, desto besser? – Nein, das wäre *zu* einfach! Denn leider kann es manchmal sehr kompliziert werden, wenn man es sich zu einfach machen will – gerade auch im Beruf. Das folgende Beispiel von Peter zeigt sehr schön, wie die manchmal wichtige Fähigkeit zu vereinfachen, auch zur Karrierebremse werden kann.

Einfach ist nicht einfacher

Peter liebt seinen Job. Doch in letzter Zeit kommen immer öfter wichtige Informationen aus einer bestimmten Abteilung nicht bei ihm an. Er kann seine Arbeit daher nicht gewissenhaft erledigen, was ihn als Perfektionisten besonders ärgert. Statt jedoch in einem vernünftigen Gespräch zu klären, warum dieses Kommunikationsproblem existiert, ärgert er sich still und heimlich über das Verhalten der besagten Abteilung: „Die sind total unfähig da unten, echt komplette Idioten. Aber irgendwann wird der Chef ja schon merken, was da abläuft.“ Bald ist er sehr unzufrieden, morgens schleppt er sich nur noch zur Arbeit und hat bald auch Magenprobleme. Immer öfter macht er nun Fehler.

Einmal spricht er in der Mittagspause mit einem befreundeten Kollegen über das Problem. Der versucht, Peter zu beschwichtigen: „Die Jungs in der Abteilung hatten in letzter Zeit viele technische Probleme, ich denke, der Fehler ist da zu suchen …“ Peter versteht nicht. Im Gegenteil, denkt er, der Kollege will die unfähigen Idioten nur noch schützen. „Selbst ein Idiot“, denkt Peter und misstraut von nun an zahlreichen Kollegen. Er wird unfreundlich – und macht sich unbeliebt. Bald bekommt Peter auch entscheidende Informationen aus anderen Abteilungen nicht mehr. Das scheint seine Verschwörungstheorie nur zu stützen: „Wahrscheinlich haben die in der Firma was gegen mich, die wollen mich ausbooten.“ Die Ironie der Geschichte: Peter selbst ist schuld an dem Dilemma, denn er hatte den Spam-Filter seiner firmeninternen E-Mail-Adresse falsch eingestellt und wichtige E-Mails nicht mehr bekommen.

Herausfinden wird er das wohl nie, denn er kommt seiner vermeintlichen Kündigung zuvor und fängt in einer neuen Firma an. Sein Problem aber nimmt er mit: Nachdem die ersten Monate im neuen Job gut verlaufen sind, bemerkt er, dass er Informationen aus einer bestimmten Abteilung einfach nicht bekommt. Diese unfähigen Idioten wollen ihn ausbooten …

Schublade auf, Gedanke rein, fertig!

Peter ist sicherlich ein extremes Beispiel eines Perfektionisten; längst nicht alle perfektionistisch veranlagten Menschen sind derart radikal in ihrer Sichtweise. Aber das Denkmuster ist immer das Gleiche: Schublade auf, Gedanke rein, fertig. Denn das gibt Perfektionisten ein Gefühl von Sicherheit, weil sie glauben, die Dinge so besser unter Kontrolle zu haben. Und je weniger Facetten es gibt, je weniger mögliche Ursachen ein Problem hat, je weniger verschiedene Meinungen beachtet werden müssen usw., desto leichter hat es ein Perfektionist, seine kleine Welt in einfache Kategorien einzuteilen. Das macht es ihm leichter, die Welt zu überschauen.

Ist es nicht einfacher, anzunehmen, das Essen in der Kantine sei schlecht und nicht mehr hinzugehen, als sich ein weiteres Mal der Gefahr auszusetzen, von einer negativen Erfahrung enttäuscht zu werden? Aber beschweren Sie sich nicht, wenn Sie hinterher einige echte kulinarische Höhepunkte verpassen! Ist es nicht bequemer, die Kollegen im Nachbarbüro für Idioten zu erklären, statt einfach einmal freundlich und konstruktiv mit ihnen zu reden und gemeinsam das Problem zu lösen? Und fällt es Ihnen nicht auch leichter, wenn Sie sich selbst pauschal für unfähig erklären? Dann können Sie sich nämlich wunderbar selbst bemitleiden, statt konstruktiv und in kleinen Schritten daran zu arbeiten, in Zukunft weniger Fehler zu machen.

Aber jedem das Seine. Solange es nur Sie betrifft und um Kleinigkeiten geht, können Sie es sich so einfach machen, wie es Ihnen guttut. Und wenn Sie mit dem Kantinenessen, Ihrer eigenen Arbeitsleistung oder irgendetwas anderem so unzufrieden sind, dass Sie es ändern wollen, können Sie das tun. Langfristig wird sich das auf alle Fälle lohnen, weil Sie dadurch feststellen, dass die Welt tatsächlich bunt und vielfältig sein kann und nicht nur aus Schwarz oder Weiß besteht. Aber Achtung: Sie könnten dadurch ein Stück zufriedener werden!

Problematisch wird es dann, wenn von Ihren Vereinfachungen auch andere Menschen betroffen sind. Stellen Sie sich zum Beispiel vor, die Kollegen bekommen mit, dass Sie sie pauschal für unfähig erklärt haben. Vielleicht via Flurfunk. Oder weil Sie sich ärgern und ihnen in einem unbedachten Moment an den Kopf werfen: „Ihr arbeitet ja sowieso nie." Wie würden sie wohl reagieren? Sicherlich wären Ihre Kollegen sehr beleidigt, denn so eine pauschale Kritik, zumal wenn sie besonders vorwurfsvoll oder wütend geäußert wird, kommt nie gut an. Sie lässt dem Angegriffenen nämlich gar keine Möglichkeit, sich zu wehren, weil Sie ihm damit jeden Wind aus den Segeln nehmen.

Tipp

Statt andere mit pauschalen Urteilen zu verärgern, sollten Sie vor jeder Kritik überlegen, was Sie stört und das dann differenziert und sachlich vorbringen.

Simplify extrem

Die Sache mit dem Vereinfachen kann man sogar ins Extreme übersteigern – mit mitunter schlimmen Folgen. Das soll Sie nicht erschrecken, sondern einfach zum Nachdenken anregen. Schauen Sie sich zum Beispiel noch einmal Peter an: Er stilisiert sich selbst zum Opfer und übersieht einfach, dass es von den technischen Problemen in der IT-Abteilung bis zur Einstellung seines Spam-Filters tausendundeinen Grund für seine Probleme geben kann. Und keiner dieser Gründe hängt damit zusammen, dass ihm jemand übel mitspielen will.

STOP

> Manche Perfektionisten nehmen leider nur noch Dinge wahr, die ihre bisherige Überzeugung stützen und schieben Zwischentöne, die nicht in ihre Schublade, passen, einfach aus dem Sichtfeld.

Ebenfalls problematisch ist es, wenn Menschen abergläubisch gegen jedes vernünftige Argument an ihrer Sicht der Dinge festhalten; selbst wenn ihre Überzeugung von der Realität entkräftet wird, erweitern sie ihre Auffassung einfach um weitere Argumente, um ihrer ursprünglichen These dogmatisch treu bleiben zu können. Noch einmal sei Peter bemüht, der seinem befreundeten Kollegen nicht nur nicht glaubt, sondern ihn auch als Idioten abstempelt. Auf diese Weise entstehen Vorurteile – und weitaus Schlimmeres. Denn genau so handeln auch gefährliche Fanatiker, die ihre Vorurteile, ihren Aberglauben und ihre dogmatische Haltung als absolute Wahrheit verteidigen und allen vernünftigen Argumenten zum Trotz auch zur Tat schreiten.

Raus aus der Vereinfachungsfalle

Zurück zur Gegenwart unseres Berufsalltages: Natürlich trägt nicht jeder, der in seinem Beruf unzufrieden ist, auch selbst Schuld daran. Fiese Chefs und mobbende Kollegen gibt es wirklich, und nicht immer ist ein einfaches, klärendes Gespräch die Lösung des Problems, da gibt es nichts zu beschönigen.

Nicht immer lassen sich die Umstände ändern. Die meisten von uns können eben nicht, wie Peter, gleich den Job wechseln, wenn einmal Probleme auftauchen. Nein, viele Menschen müssen tagein, tagaus mit einer beruflichen Situation klarkommen, die sie alles andere als zufriedenstellend empfinden. Und was erst recht unzufrieden macht, ist die Tatsache, dass man daran (vermeintlich) nichts ändern kann. Was soll man aber tun, wenn sich die äußeren Umstände nicht ändern lassen? Ganz einfach: Überdenken Sie Ihre Einstellung!

Die Sache mit der eigenen Einstellung

Denn Ihre Einstellung gegenüber einer Sache können Sie beeinflussen und damit Ihre Unzufriedenheit erheblich reduzieren. Das glauben Sie nicht? Das ist Ihnen zu einfach? Sie finden das lächerlich? Das ist es keinesfalls. Tatsache ist: Der amerikanische Psychologe Albert Ellis hat festgestellt, dass es nur zum Teil von den äußeren Bedingungen abhängt, wie zufrieden wir sind. Wie stark wir unter einem Problem leiden, wird auch maßgeblich dadurch beeinflusst, wie wir diese äußeren Bedingungen aufnehmen, bewerten und interpretieren. Und dafür ist meist unsere Lebenseinstellung verantwortlich.

Das bedeutet also, dass Sie, um Ihre Unzufriedenheit abzubauen, nicht unbedingt die Situation ändern müssen – Sie können auch Ihre Einstellung ändern. Das bedeutet natürlich nicht, dass Sie alles, was Sie stört, brav erdulden sollen. Doch wenn Sie Ihre Einstellung nur ein wenig ändern, wird der Blick auf die schwierige Situation klarer und vielleicht sehen Sie plötzlich Wege, die Sie vorher gar nicht beachtet haben.

Fangen Sie doch einfach bei den Situationen und Bereichen Ihrer Arbeit an, die Sie besonders unzufrieden machen. Denken Sie zum Beispiel an Ihren cholerischen Chef oder Ihre unorganisierten Kollegen. Was *genau* macht Sie an dieser Situation unzufrieden? Peter in unserem Beispiel ärgerte sich, dass er wichtige Informationen nicht erhielt. Genauer gesagt ärgerte er sich über die *totale* Unfähigkeit seiner Kollegen. Und er findet nur eine Erklärung für dieses Verhalten, das ihm völlig unverständlich ist, nämlich, dass man ihn ausbooten möchte. Das ist es, was ihn tatsächlich so unzufrieden macht, und nicht einige nicht angekommene E-Mails.

To do

Überlegen Sie nun, wie Sie Ihre eigene persönliche Situation bewerten, mit der Sie unzufrieden sind. Definieren Sie genau, welche Situationen Sie unzufrieden machen: Ist beispielsweise Ihr Chef wirklich *immer* cholerisch oder nur in bestimmten Situationen? Schreiben Sie genau auf, wann Sie mit Ihrem Chef unzufrieden sind und wann nicht. Wenn Sie nun darüber nachdenken, wie fühlen Sie sich dann? Schreiben Sie diese Gefühle auf.

Hintergrund dieser Übung ist der: Perfektionisten stehen sich beim Überwinden solcher Hindernisse mit ihrem Hang zum Vereinfachen gern selbst im Weg. Peter sieht sich mit dem Problem „Die in der Firma haben etwas gegen mich“ konfrontiert und glaubt, die ganze Firma zum Feind zu haben und nichts ausrichten zu können. Das macht ihn zunehmend unzufrieden, weil er gar nicht weiß, was er dagegen tun soll.

Den Blickwinkel ändern

Besser wäre es, sich das Problem genauer anzusehen, in Einzelprobleme aufzulösen und in kleinen Schritten anzugehen. Peter müsste sich nur klarmachen, wo genau der Schuh drückt: Wer genau hat etwas gegen ihn? Und was könnte man ihm vorwerfen? Dann wäre sein erdachtes Problem schon weitaus kleiner, und Peter könnte es sozusagen häppchenweise lösen. Womöglich würde er alsbald feststellen, dass das Problem gar nicht vorhanden ist. Das folgende Beispiel zeigt, wie er seine Unzufriedenheit im Einzelnen bewerten kann:

z.B.

Peter bewertet seine Kollegen so:

Die sind total unfähig und wollen mich ausbooten (70 Prozent Überzeugung).

Warum denke ich das genau? Was genau erwarte ich von den Kollegen?

- Wichtige E-Mails kommen nicht an.
- Der Chef der Abteilung hat zweimal eine Verabredung zum Essen ausfallen lassen.
- Einige Kollegen grüßen mich nicht und verhalten sich auch sonst komisch.

Gefühl: Wut (95 Prozent Intensität), Angst (80 Prozent Intensität)

Schwarz-Weiß-Denken bietet Ihnen immer nur zwei Alternativen. Das engt die Auswahl der möglichen Lösungen für ein Problem völlig unnötig ein. Wenn Sie sich ein Problem jedoch näher betrachten, werden Sie feststellen, dass es in der Regel mehr als zwei Lösungen gibt. Und die müssen Sie nur finden. Eine sehr gute Übung dafür ist das Erstellen einer Bewertungsskala für eine Situation, die Sie unzufrieden macht – nehmen wir hierfür einfach einmal das Beispiel, dass Sie glauben, Sie seien ein völliger Versager:

To do

Erstellen Sie nun eine Skala. Am linken Ende der Skala tragen Sie 0 % ein, was gleichbedeutend ist mit totalem Versagen. Auf der rechten Seite stehen 100 %, also ein völliger Erfolg. In der Mitte gibt es einen Punkt für 50 %. Definieren Sie diese Punkte genau: Was bedeutet für Sie völliges Versagen? Was bedeutet für Sie totaler Erfolg? Und wo liegt für Sie die Mitte? Definieren Sie nun noch weitere Punkte – je mehr Grautöne Sie finden, desto besser.

Um die Übung zu verdeutlichen, nehmen wir ein etwas leichteres Beispiel, auch wenn es nichts mit dem Beruf zu hat. Denken Sie einmal an Ihren letzten Kinobesuch und denken Sie sich eine Skala zur Bewertung des Films: Sie können den Film mit „die reinste Zeitverschwendung“ oder als die „absolute filmische Perfektion“ bewerten. Das wäre allerdings grob vereinfacht und würde dem Film sicher nicht gerecht werden. Es gibt aber sicher noch Bewertungen, die zwischen diesen beiden Extremen liegen, etwa „lustig, aber ein wenig oberflächlich“ oder „traurig, aber sehr interessant“ – beides Aussagen, die Ihre Meinung vermutlich viel besser widerspiegeln. Übertragen Sie diese Art der Formulierung nun auf Ihre Situation, so wie Peter das gemacht hat.

z.B.

Peters Skala:

0% 25 % 50% 75 % 100% →

0% = Die Kollegen sind völlig, total unfähig und wollen mich grundsätzlich ausbooten.

25% = Auch wenn die Kollegen mich nicht leiden können, werden sie deshalb kaum mit Absicht Fehler machen.

50% = Die Kollegen haben technische Probleme und bekommen es daher nicht auf die Reihe.

75% = Die Kollegen tun ihr Bestes, aber es gelingt ihnen leider nicht immer, und ich bin dann halt der Leidtragende.

100 % = Die Kollegen arbeiten immer perfekt.

Beim Betrachten seiner Skala wird Peter klar, dass die 100 Prozent, die er von seinen Kollegen fordert, für diese eigentlich unmöglich zu erreichen sind und dass es genauso absurd ist, anzunehmen, dass ihn die Kollegen *grundsätzlich* ausbooten wollen. Vielmehr liegt die Wahrheit irgendwo in der Mitte. Peter findet weitere Zwischentöne, die ihm helfen, realistischere Erwartungen zu definieren. Sein

Zorn wird merklich kleiner. Und er findet ganz konkrete Anknüpfungspunkte, die es ihm möglich machen, gemeinsam mit den Kollegen zu überlegen, wie man die Situation verbessern kann. Gleich morgen wird er den Chef der zuständigen Abteilung nachdrücklich, aber freundlich um ein Gespräch bitten – vielleicht zum Mittagessen?

Und auch Sie sollten, ganz gleich, ob es um Erwartungen geht, die Sie an sich selbst stellen oder um Erwartungen an andere, festlegen, bei wie viel Prozent auf Ihrer Skala Sie zufrieden wären. Sie werden feststellen, dass ein Erfolg nicht immer 100 Prozent haben muss, sondern dass es sehr viele Alternativen gibt, die zwischen alles oder nichts liegen. Wenn Ihnen ein Aspekt besonders wichtig ist, können Sie darüber hinaus noch definieren, wie viel Prozent Sie sich wünschen, aber nicht unbedingt erwarten.

z.B.

Peters Erwartungen an seine Kollegen:

Meine Erwartung in einer Situation, die mich bisher unzufrieden gemacht hat.	**% Erfolg**	**% gewünschter Erfolg**
Die E-Mails sollten ankommen.	75 % – Es wäre schön, aber ich sehe ein, dass es nicht immer klappt.	98 %
Ich möchte mit dem Chef der Abteilung Essen gehen.	60 % – Er hat vielleicht nicht immer Zeit, aber ich würde mich freuen.	85 %
Die Kollegen sollten mich grüßen.	80 % – Höflichkeit ist notwendig.	99 %

Doch auch wenn Sie sich klargemacht haben, wo der Hase im Pfeffer liegt, werden Sie nicht immer und in jeder Situation automatisch richtig reagieren können. Denn die alten Schwarz-Weiß-Denkmuster sind vermutlich immer noch zu eingefahren und sitzen zu fest. Sie können das aber ändern, indem Sie sich Ihr neues Denkmuster nicht nur rational, sondern auch emotional bewusst machen und daran arbeiten, Ihre neuen Denkmuster auch emotional zu verstärken – denn nur, wenn Sie einen Gedankengang auch emotional verinnerlicht haben, können Sie ihn entsprechend umsetzen.

To do

So verstärken Sie Ihre neuen Vorsätze emotional

- Sorgen Sie für eine entspannte Atmosphäre. Atmen Sie tief und ruhig und konzentrieren Sie sich auf Ihr Inneres. Denken Sie an Ihre bisherige Alles-oder-Nichts-Haltung, die Ihnen Probleme bereitet hat: Wie geht es Ihnen dabei? Welche Gefühle empfinden Sie? Geben Sie diesen Gefühlen Raum, während Sie Ihre Haltung überdenken.
- Vielleicht merken Sie dabei, dass sich die Gefühle allmählich ändern. Fühlt sich Ihre Haltung nicht plötzlich schon viel fremder an? Lassen Sie Ihren bisherigen Alles-oder-Nichts-Gedanken, der Ihnen schon ganz fremd vorkommt, allmählich abklingen.
- Führen Sie sich nun Ihre neue, differenzierte Überzeugung vor Augen. Achten Sie wieder auf Ihre Gefühle: Sind diese angenehm und freundlich? Sind Sie zufrieden?
- Wenn Sie überzeugt sind, spielen Sie Ihre neue Haltung mehrmals hintereinander durch und freuen Sie sich an dem positiven Gefühl, das die Überzeugung in Ihnen erzeugt.
- Wenn Sie in einer Situation wieder dazu tendieren, Dinge vereinfacht zu sehen: Rufen Sie sich Ihre neue Haltung wieder ins Gedächtnis und spielen Sie sie auf diese Weise emotional durch.

Downshifting – nur gut, nicht perfekt!

„Alles, was nicht hundertzehnprozentig ist, ist nicht gut!“ Ihr heimliches Credo? Das trifft für Sie genau ins Schwarze? Damit stehen Sie nicht allein: Für die meisten Perfektionisten ist gut eben nicht gut genug. Was allein zählt, sind überragende Leistungen. Bei sich – und auch bei anderen. Das ist super für Ihr Unternehmen – nur nicht für Ihre Karriere und Ihr Leben! Daher ist es Zeit, einen Gang runterzuschalten und auch einmal fünf gerade sein zu lassen – Downshifting eben.

Die fleißigen Bienen jedes Unternehmens

Jeder Chef freut sich natürlich über Perfektionisten: Die sind die fleißigen Bienen eines jeden Unternehmens. Man braucht ihnen eigentlich gar nicht zu sagen, dass sie ihre Arbeit gut machen sollen: Sie machen grundsätzlich mehr, als sie müssten – und das meist bis zur Selbstaufopferung. Denn Ihre Messlatte dafür, wann eine Leistung wirklich ausreicht, hängt verdammt hoch.

Alles muss perfekt sein?

Spricht aus dieser Haltung nicht …? Richtig: Der Hang zum Vereinfachen, den Sie schon aus dem letzten Kapitel kennen. Doch überlegen Sie mal: Es gibt sicherlich auch in Ihrem Leben Dinge, die nicht hundertzehnprozentig sind – und trotzdem gut. Zum Beispiel der Kollege, über dessen lockere Art Sie sich auch gelegentlich ärgern? Und haben Sie nicht gerade deshalb so viel Spaß bei der Arbeit, weil er die Dinge etwas lockerer sieht? Oder das Meeting letzte Woche: Eigentlich wollte der Chef etwas ganz anderes besprechen. Aber dann kamen spontan einige sehr gute Ideen auf den Tisch, und am Ende wurde das Vertriebssystem entscheidend verbessert. Wahrscheinlich fallen Ihnen mit etwas Nachdenken viele solcher Beispiele ein, die alle nicht hundertzehnprozentig, aber trotzdem gut sind! Denn: Wenn Sie etwas nicht perfekt erledigen, bedeutet das nicht gleich, dass Sie es fehlerhaft oder schlampig ausführen. Auf das richtige Maß kommt es an.

Arbeiten bis zum Umfallen

Schauen wir uns das Beispiel von Irene etwas genauer an: Kaum ein Abend, an dem sie vor 22 Uhr aus dem Büro kommt. Heute ist es die wichtige Verkaufspräsentation für das Meeting morgen. „Das muss perfekt werden", hat der Chef gesagt. Und Irene weiß: Wenn sie auch nur einen kleinen Fehler macht, wird der Chef sauer. Daher liest Irene zum zwanzigsten Mal die fertigen Power-Point-Folien durch: Vielleicht hebt sich Blau in der Grafik doch besser von Rot ab als Grün und vielleicht sollte sie die Farbe nochmal ändern? Und wäre hier am Satzanfang ein „Jedoch" nicht besser als ein „Aber"?

Sie will auf keinen Fall riskieren, dass ihr Chef wieder einen cholerischen Anfall bekommt. Der letzte steckt ihr noch in den Knochen. „Aber das hatte ich auch verdient, schließlich hatte ich da geschlampt", gibt sich Irene selbst die Schuld. Denn Irene hatte sich über den Chef geärgert. Jahrelang hatte sie sich kontinuierlich aufgerieben und gearbeitet bis zum Umfallen – und dann war sie bei einer Beförderung übergangen worden. Der Chef fand, sie sei für eine Führungsposition nicht qualifiziert und für die jetzige Aufgabe besser geeignet. Die Leitung der Abteilung hatte ein Kollege bekommen, der in Irenes Augen ein Schwätzer ist. „Dann brauche ich mich ja nicht mehr anzustrengen", hatte sie wütend gedacht und war, ganz perfektionistische Schwarz-Weiß-Denkerin, von dem einen Extrem, immer 110 Prozent geben zu wollen, ins andere verfallen: Akten blieben liegen, Kunden wurden nicht zurückgerufen, und öfter kam Irene morgens zu spät oder ging früher.

Der Chef hatte sich sehr aufgeregt, als er das mitbekam: „Ihr Verhalten ist unsozial. So benehmen sich gute Mitarbeiter einfach nicht", brüllte er wütend. Er musste erst gar nicht mit Abmahnung oder Kündigung drohen, Irene bekam sofort Angst; sie schaltete wieder in den gewohnten Perfektionismusgang und legte sogar noch einen Zahn zu: Niemand sollte fortan noch etwas an ihr auszusetzen haben, vor allem der Chef nicht. „Ich werde alles dafür tun, dass so etwas nicht wieder vorkommt", versprach Irene.

Leider hat sie dabei völlig ignoriert, dass ihr Körper das auf die Dauer nicht mitmachen wird. Erst letzte Woche ist sie im Büro völlig übermüdet eingeschlafen. Und vor drei Tagen hat eine Kollegin sie auf einen großen Fehler hingewiesen, den die überarbeitete Irene schlicht übersehen hatte. „Das hätte wieder Ärger gegeben. So etwas darf auf keinen Fall wieder passieren!", nimmt Irene sich fest vor und will sich in Zukunft noch mehr Mühe geben ...

Warum aus der Arbeitsbiene keine Königin wird

Erkennen Sie das eine oder andere aus Ihrem Arbeitsalltag wieder? Irenes Geschichte ist typisch für viele Perfektionisten in Unternehmen: Sie leisten Unglaubliches, arbeiten bis zum Umfallen – und die Anerkennung bleibt aus. Im Gegenteil, wenn Sie doch einmal einen Fehler machen, werden Sie dafür umgehend kritisiert, weil Chefs von ihren Perfektionisten eben keine Fehler gewohnt sind. Ungerecht. Oder? Leider übersehen diese Arbeitsbienen einige entscheidende Faktoren, die für die Karriere noch weitaus wichtiger sind als Leistung – so wichtig, dass all diese Punkte in späteren Kapiteln noch einmal genauer betrachtet werden und hier nur kurz angerissen werden sollen.

Karrierefaktor Selbstdarstellung

Da ist zunächst die Selbstdarstellung. Was bringen unglaublicher Arbeitsaufwand und Höchstleistungen, wenn der Chef es gar nicht mitbekommt oder sich mittlerweile sogar daran gewöhnt hat, dass Sie immer so gut sind? Daher sollten Sie nicht nur arbeiten bis zum Umfallen, sondern das auch entsprechend nach außen kommunizieren – wie ein Unternehmen, das ja auch nicht nur in die Entwicklung eines neuen Produktes investieren kann, in der Hoffnung, dieses verkaufe sich dann von alleine. Die Werbung ist mindestens genauso wichtig – auch wenn das gerade perfektionistischen Naturen nur schwer einleuchten mag.

Karrierefaktor Produktivität

Ein weiterer weitverbreiteter Irrtum vieler Perfektionisten: mehr Aufwand gleich mehr Produktivität. Mit ihren hohen Ansprüchen peitschen sich Menschen wie Irene dann regelrecht zu Höchstleistungen. Das macht sie zunächst extrem produktiv und funktioniert vielleicht für einen begrenzten Zeitraum sogar. Stress macht jedoch nur körperlich leistungsfähiger, und das auch nur eine Zeit lang, während er klares Denken eher behindert. Dass aber gerade in stressigen Situationen viele Fehler passieren, können Sie wahrscheinlich aus Ihrem eigenen Alltag bestätigen. Ist es Ihnen nicht auch schon passiert, dass Sie wegen eines wichtigen Meetings oder einer Präsentation nervös waren – und prompt haben Sie sich Kaffee über die Hose geschüttet? Oder Sie mussten schnell etwas am Computer fertigstellen, drückten in der Eile auf die falsche Taste – und weg war die ganze Datei? An manchen Tagen scheint sogar alles schiefzugehen. Suchen Sie jetzt bitte nicht nach Ausreden wie „mit dem falschen Fuß aufgestanden". Sehr häufig sind Hektik und, damit verbunden, Unachtsamkeit Schuld an solchen Missgeschicken. Achten Sie einmal darauf!

Karrierefaktor Führungsstärke

Wenn Sie aufsteigen wollen, zählen nicht nur Fachwissen und Leistungsbereitschaft, sondern auch Führungsqualitäten. Zumindest muss der Chef, der Sie befördern soll, davon überzeugt sein, dass Sie welche haben. Irenes Chef etwa ist davon nicht überzeugt. Er bemerkt zwar, dass Irene viel leistet, aber auch, dass sie dabei vor allem von der Furcht getrieben wird, einen Fehler zu machen. Der Antriebsmotor ihres Handelns ist nicht die Freude an der Arbeit, das positive, nach vorne gerichtete „Etwas-Schaffen-Wollen", sondern Druck und Angst. Das Problem ist jedoch, dass man ängstlichen Menschen weniger Kompetenzen zutraut, weniger Respekt vor ihnen hat und ihnen weniger Verantwortung zutraut – das ist auch der Grund dafür, warum Irene bei der Beförderung übergangen wurde.

Karrierefaktor Kritikfähigkeit

Aber wie soll der Chef auch Respekt haben, wenn Irene während eines Kritikgesprächs ängstlich im Stuhl vor ihm kauert und ihm so durch ihre Körpersprache förmlich demonstriert, dass sie für Führungsaufgaben nicht bereit ist?

Viel besser wäre es, wenn Irene selbstbewusst mit der Kritik umgehen und beim nächsten Mal zeigen würde, dass sie daraus gelernt hat, wie sie es besser machen kann. Doch Perfektionisten wie Irene fürchten die Kritik, die sie treffen könnte, sobald sie etwas falsch machen, so sehr, dass sie alles daransetzen, auf keinen Fall Fehler zu machen. Nur lässt sich dieses hehre Ziel, wie Irenes Beispiel auch zeigt, in den seltensten Fällen verwirklichen. Im Gegenteil, das Streben nach Perfektion wirkt sich sogar häufig nachteilig aus.

Die Messlatte tiefer legen

Es bringt also für die Karriere relativ wenig, *immer* höchste Ansprüche erfüllen zu wollen. Sie können ruhigen Gewissens einen Zahn zurückschalten und Ihre persönliche Messlatte etwas tiefer legen. Auch wenn es Ihnen vielleicht am Anfang schwerfällt: Es müssen nicht *immer* 110 Prozent sein – oft reichen auch gute oder nur durchschnittliche Leistungen völlig aus.

Was gut genug ist, bestimme ich!

Aber was ist gut? Wann wissen Sie, ob eine Leistung gut genug ist, wenn Ihnen das niemand sagt? Die einfache Antwort: Das entscheiden Sie – ganz allein! Natürlich werden Sie nun einwenden: „Aber der Chef macht mir doch Druck, Spitzenleistungen zu erbringen." Mal ehrlich: Wenn es nach den meisten Chefs ginge, könnte man rund um die Uhr arbeiten und würde nur selten ein Wort des Lobs hören. Warten Sie also nicht darauf, dass der Chef Ihnen sagt, dass Sie weniger arbeiten können, sondern legen Sie selbst den Maßstab fest.

Natürlich haben Sie jeden Tag eine bestimmte Menge Aufgaben zu erfüllen. Aber letztendlich liegt es bei Ihnen, wie viel Zeit Sie für die einzelnen Arbeiten aufwenden und wie perfekt Sie diese erledigen. Dabei geht es gar nicht darum, plötzlich schlampig zu werden, wie es bei Irene zeitweise geschehen ist; es reicht völlig, die eigene Messlatte nur ein paar Zentimeter tiefer zu legen, um mit weniger Aufwand dennoch weiterhin gute Leistungen zu erzielen.

Doch wenn Sie ein eingefleischter Perfektionist sind, ist das gar nicht so einfach. Da nützt es wenig, von anderen zu hören, dass Sie doch ruhig mal fünf gerade sein lassen können. Wie oft haben Sie selbst schon solche Beteuerungen als reine Lippenbekenntnisse vom Tisch gewischt? „Der Kollege meint, es ist schon o.k.? Pah, der freut sich doch nur, wenn ich einen Fehler mache!" Und selbst wenn es der Vorgesetzte war, der Ihnen förmlich eingehämmert hat, dass Ihre Arbeit absolut super sei, waren Sie vielleicht höchst kreativ darin, vor sich selbst Ausreden zu (er)finden, warum diese Aussage nicht wahr sein kann: „Vielleicht hat der Chef halt gerade einen besonders guten Tag. Oder er sagt das nur, damit ich noch Zeit habe, um andere Aufgaben zu erledigen."

Perfektionisten tun sich auch deshalb so schwer, ein Lob anzunehmen, weil sie fürchten, sie könnten dann nachlässig werden und etwas nicht richtig machen. Da ihnen damit ein wichtiges Bewertungskriterium für ihre Arbeit fehlt, haben viele Perfektionisten Schwierigkeiten, herauszufinden, was für sie das optimale Maß ist. Wenn sie dann unter Druck geraten, was im Berufsalltag ja häufig vorkommt, überkommen manche Menschen regelrechte Panikattacken, die geforderte Arbeit um jeden Preis so gut wie möglich zu erledigen.

In solchen Situationen hilft ruhiges Überlegen: Ist es wirklich nötig, diese Aufgabe jetzt hundertprozentig zu erledigen? Welche Ängste steigen in Ihnen auf, wenn Sie darüber nachdenken? Stellen Sie sich nun die Frage: Was würde realistischerweise passieren, wenn Sie das jetzt nicht perfekt erledigen? Was würde passieren, wenn Sie in einigen Punkten einfach weniger Ansprüche an sich hätten? Welche Auswirkungen hätte das? Würde das Schicksal zuschlagen? Dabei ist die folgende Übung hilfreich.

To do

Was wäre wenn?

Schreiben Sie alles auf, was Ihrer Annahme nach passieren könnte. Sie können sich dabei auch an der folgenden Liste orientieren; übernehmen Sie einfach die Beispiele, denen Sie spontan zustimmen, fügen Sie eigene Gedanken hinzu oder formulieren Sie Beispiele um. Wichtig: Formulieren Sie Ihre Annahmen unbedingt als Aussage, auf keinen Fall als Frage, denn dann können Sie sich besser damit auseinandersetzen.

1. Meine Kollegen und Vorgesetzten erwarten von mir, dass ich mein Bestes gebe.
2. Ich werde gemobbt, wenn ich mir weniger Mühe gebe.
3. Wenn ich diese Arbeit nicht tue, tut sie niemand.
4. Es wäre moralisch nicht vertretbar.
5. Es wäre nicht richtig, es anders zu machen.
6. Wenn ich mir keinen Druck mache, werde ich unproduktiv und schaffe gar nichts mehr.
7. Ausgerechnet heute könnte der Firmenchef in der Abteilung vorbeischauen.
8. Ich werde nie wieder einen solchen Auftrag bekommen, wenn ich nicht mindestens 150 Prozent gebe.
9. Der Kunde wird mich nicht weiterempfehlen und schlecht über mich reden, wenn ich das jetzt nicht perfekt mache.
10. Der Chef wird mir schlechte Referenzen ausstellen, und ich werde nie wieder einen Job finden.
11. Mein Abteilung muss unbedingt die beste sein.
12. Ich erwarte, dass meine Mitarbeiter ihr Bestes geben – da kann ich nicht einfach weniger tun als sie.

13. Ich könnte meinen Job verlieren, wenn ich weniger mache.
14. Wenn ich jetzt einen Fehler mache, werde ich nicht befördert.

Sich selbst vom Gegenteil überzeugen

Vielleicht haben Sie schon, während Sie diese Annahmen aufgeschrieben haben, bemerkt, wie absurd manche Befürchtungen sind. Aber als echter Perfektionist reicht Ihnen das nicht, Sie brauchen Fakten, um sich zu überzeugen.

Nehmen Sie sich dazu die drei Annahmen aus der Liste vor, die Ihnen am wichtigsten erscheinen, mit denen Sie sich am ehesten identifizieren können oder die bei Ihnen die meisten Gefühle auslösen. Sie brauchen Papier – in der Regel für jeden Gedanken eine Seite. Schreiben Sie oben auf die Seite Ihre Annahme. Wie stark sind Sie davon überzeugt? Sehr stark, mittelstark oder eher schwach? Darunter notieren Sie das Gefühl, das Sie beim Aufschreiben des Gedankens empfinden, etwa Wut, Angst, Frust oder Stress. Und verzeichnen Sie auch, ob das Gefühl sehr stark, mittel oder eher schwach ist. Diese Einteilung ist wichtig. Zeichnen Sie nun eine Tabelle mit drei Spalten. Damit Sie viel Platz haben, kann die Tabelle ruhig über eine ganze Seite gehen. Lassen Sie aber am Ende der Seite bitte noch etwas Platz, denn hier notieren Sie ganz am Ende Ihre neue Annahme.

z.B.

Irenes Tabelle

Irenes Annahme, die ihr spontan Angst macht: Wenn ich mir weniger Mühe gebe, wird mein Chef sauer. (Ich bin stark davon überzeugt.)

Irenes Gefühl dabei: Trauer (stark), Wut (eher mittel), Ohnmacht (stark)

Welche Beweise gibt es dafür, dass meine Annahme wahr ist?	Welche Beweise gibt es dafür, dass meine Annahme nicht wahr ist?	Was würden Sie anderen Menschen in der gleichen Situation sagen?
Wenn ich etwas gut gemacht habe, werde ich gelobt oder zumindest gibt es keine Kritik.	Mein Chef hat mich angeschrien, weil ich sehr schlampig war; das muss ja nicht sein.	Vielleicht hat man Fehler gemacht, gerade weil man versucht hat, perfekt zu sein.

Als ich zuletzt einen Fehler gemacht habe, ist mein Chef total sauer geworden. Einige andere Kollegen sind entlassen worden, weil sie Fehler gemacht haben. In meinem letzten Job bin ich entlassen worden, weil ich Fehler gemacht habe.	Der Kollege, der entlassen wurde, hatte mehr Verantwortung als ich und hat einen sehr schweren Fehler begangen. Ich habe mir manchmal schon sehr viel Mühe gegeben und bin trotzdem kritisiert worden. Letztes Mal wurde ich nicht befördert. Andere Kollegen machen auch Fehler und werden dennoch nicht angeschrien oder entlassen. Meine letzte Firma hat ohnehin Stellen abgebaut. Die neue Firma expandiert hingegen.	Vielleicht mögen einen die Kollegen lieber, wenn man weniger perfekt sein will. Bei verantwortungsvollen Jobs kommt es auch auf die Persönlichkeit an und nicht nur auf die stets perfekte Leistung. Nicht perfekt zu sein, ist kein Fehler. Es gibt keinen vernünftigen Grund, etwas Derartiges anzunehmen.
Irenes neue Annahme: Wenn ich ab und zu kleine Fehler mache, ist das kein Problem. Das kommt vor. Der Chef ist ein Choleriker und beruhigt sich auch immer wieder schnell. Ich werde deshalb nicht gleich entlassen. Bei wichtigen Dingen muss ich aber aufpassen.		

In die erste Spalte tragen Sie ein, welche Beweise Sie dafür haben, dass Ihre Annahme wahr ist. Wie kommen Sie zu dieser Annahme? Was stützt sie? Welche Erfahrungen haben Sie diesbezüglich bereits gemacht? Was haben Sie von anderen dazu bereits gehört? Das fällt Ihnen vermutlich nicht allzu schwer, denn Sie haben ja bislang fest an Ihre Annahme geglaubt. Vielleicht merken Sie aber schon jetzt beim Aufschreiben, dass einige Ihrer „Beweise" reine Befürchtungen sind (mehr zum Katastrophieren im nächsten Kapitel). Schreiben Sie sie trotzdem auf, notieren Sie dahinter aber in Klammern, dass es sich um eine Befürchtung handelt.

Die zweite Spalte dürfte für Sie etwas schwieriger werden: Jetzt sollen Sie Beweise dafür finden, warum Ihre Annahme nicht wahr ist. Auch hier sollten Sie sich vor allem auf Fakten konzentrieren. Gegebenenfalls müssen Sie hierüber etwas länger nachdenken oder eine Nacht darüber schlafen. Oder Sie müssen noch weitere Informationen sammeln. Für die Annahme „Wenn ich mir keinen Druck mache, werde ich unproduktiv“ finden Sie beispielsweise Gegenbeweise weiter hinten in diesem Buch. Und ob Ihre Arbeit wirklich niemand erledigt, werden Sie nicht herausfinden, wenn Sie nicht versucht haben, diese zu delegieren (wie weiter hinten beschrieben wird). Sie können auch Kollegen, Freunde oder Bekannte bitten, Ihnen zu helfen.

Ihnen fällt es schwer, Beweise für oder gegen Ihre Annahme zu sammeln? Dann benötigen Sie auch die dritte Spalte: Stellen Sie sich einfach vor, jemand anders setzt sich ebenfalls mit seinen zu hohen Maßstäben unter Druck und bittet Sie um Ihre objektive Meinung. Schreiben Sie in die dritte Spalte, welchen Rat Sie ihm geben würden. Denn bei anderen Menschen sind vor allem introvertierte Perfektionisten viel objektiver als bei sich selbst.

Die Messlatte justieren

Nun geht es darum, die Leistung zu definieren, mit der Sie zufrieden sind. Betrachten Sie dazu in Ruhe die Beweislage in der Tabelle, die vor Ihnen liegt. Denn jetzt geht es darum, sich die Messlatte in die optimale Höhe zu legen. Und diese Höhe definieren Sie ganz allein. Das folgende Schema kann Ihnen dabei helfen, die vielen Gedanken, die jetzt in Ihrem Kopf herumschwirren, übersichtlich zu ordnen. Folgen Sie dazu den Fragen wie angegeben. Wichtig: Überprüfen Sie dabei auch, ob sich die Werte, die Sie oben für Ihre Überzeugung und Ihre Gefühle eingetragen haben, geändert haben oder nicht. Die hier im Schema angegebenen Werte sind übrigens nur ungefähre Richtwerte, die Ihnen helfen sollen, Ihre Gefühle einzuschätzen.

To do

Schema zum Auswerten der Beweise

1. Stimmt meine Annahme nach Aufnahme der Beweise noch?

- A) Ja, sie stimmt. Ich bin auch gefühlsmäßig noch sehr stark davon überzeugt, aber ich empfinde auch starke negative Gefühle dabei. *– Machen Sie weiter bei 2.*
- B) Nein, sie stimmt nicht. Ich bin auch gefühlsmäßig nur noch schwach davon überzeugt. *– Machen Sie weiter mit 5.*
- C) Ich bin mir nicht sicher. Die Intensität meiner Überzeugung hat nachgelassen, sie ist eher mittelstark. *– Machen Sie weiter mit 4.*

2. Mit welchen ernsten Konsequenzen muss ich rechnen, wenn die Annahme wahr ist und ich die Messlatte dennoch tiefer lege?

- A) Nein, wenn ich ruhig nachdenke, muss ich zugeben, dass es tatsächlich keine ernsten Konsequenzen gibt. Es ist unwahrscheinlich, dass ich … (als Beispiel: meinen Job verliere, unproduktiv arbeite, gemobbt werde usw.). Auch meine Überzeugung für meine Annahme ist nur noch schwach. – *Machen Sie weiter mit 5.*
- B) Ja, auch wenn ich ruhig nachdenke, habe ich ernste Konsequenzen zu befürchten. Ich bin immer noch sehr stark von meiner Annahme überzeugt. – *Machen Sie weiter mit 3.*

3. Wie kann ich mögliche Konsequenzen mit realistischen Plänen für den Ernstfall abwenden? (Als Beispiel: Wenn ich einen schweren Fehler mache, kann ich meinen Job verlieren. Aber ich kann Fehler vermeiden, indem ich meine Zeit besser organisiere – dazu mehr in diesem Buch.)

- A) Ich brauche mehr Informationen. Meine Überzeugung hat abgenommen, ist eher mittelstark. – *Machen Sie weiter mit 4.*
- B) Ich habe einen konkreten Plan und weiß, was ich im Ernstfall tun muss. – *Machen Sie weiter mit 5.*

4. Benötige ich noch weitere Informationen?

- A) Ja, ich benötige noch weitere Informationen. Ich frage Bekannte, Kollegen, Freunde, recherchiere in Büchern oder im Internet. Ich brauche vielleicht auch noch etwas Zeit, bis ich alle Informationen zusammenhabe. Meine Überzeugung, dass die Annahme stimmt, ist nur noch mittelstark, meine Gefühle dabei auch.
- B) Nein, ich habe alle Informationen, die ich brauche. – *Machen Sie weiter mit 5.*

5. Kann ich aufgrund der bisher zusammengetragenen Beweise meine bisherige Annahme ändern?

- A) Nein. Ich bin gefühlsmäßig immer noch sehr stark von meiner Annahme überzeugt und habe starke negative Gefühle dabei (als Beispiel: Zorn, Frust, Wut) – *Überprüfen Sie nochmals die Punkte 1-4.*
- B) Nein. Ich bin gefühlsmäßig immer noch sehr stark von meiner Annahme überzeugt, aber ich habe nur noch sehr schwache negative Gefühle, weil ich weiß, dass meine Annahme berechtigt ist.

> ➤ C) Ja, ich kann meine Annahme ändern und eine neue Annahme formulieren. Ich bin auch gefühlsmäßig überhaupt nicht mehr von meiner Annahme überzeugt und habe deshalb auch keine negativen Gefühle mehr.

Durch Ihre Beweisaufnahme kommen Sie also vielleicht zu dem Schluss, dass Ihre alte Annahme in dieser Schärfe nicht haltbar ist. Aus dieser Überlegung heraus können Sie nun eine neue Annahme formulieren, die die Stelle der alten einnimmt. Dass die Änderung Ihrer Überzeugung dabei nicht von heute auf morgen vor sich geht, ist klar. Sie können Ihre neue Annahme aber auch gefühlsmäßig verstärken, um sie schneller zu verinnerlichen.

Die nicht ganz so lieben Chefs

Fantastisch. Sie haben also definiert, welche Leistungen Sie als ausreichend empfinden und danach wollen Sie in Zukunft leben? Gratulation! Aber, stopp! Vielleicht werden Sie nun einwenden: „Es ist ja schön und gut, wenn ich weiß, wo meine Grenzen liegen, aber was wird mein Chef sagen? Was bringt es mir, wenn ich weniger arbeiten will – mein Chef das aber anders sieht?“

In der Tat: Chefs und Kollegen werden in der Regel zunächst gar nicht einverstanden sein mit Ihrem persönlichen Downshifting-Programm. Die Kollegin wird irritiert sein, wenn Sie in Zukunft ihre Arbeit nicht mehr mitmachen. Und der Chef wird sich mindestens wundern, wenn Sie ab morgen pünktlich Feierabend machen, statt bis 22 Uhr im Büro zu sitzen. Ihr Einwand scheint also berechtigt. Oder?

Downshifting-Gespräche

Schauen wir uns das Beispiel Irene nochmals an: Der Chef brüllt sie an und bezeichnet sie als unsozial. Implizit sagt er damit: „So wie Sie macht man das nicht. Wenn Sie das so machen, sind Sie faul, unmoralisch und im Unrecht.“ Damit hat der Chef genau Irenes wunden Punkt getroffen, nämlich die hohen Ansprüche an sich. Eine einfache, sachliche Bemerkung wie „Bitte geben Sie sich wieder etwas mehr Mühe“ hätte als Kritik völlig ausgereicht, die arme Irene aber nicht derart verunsichert. Tatsächlich schlagen Menschen aber häufig mit der moralischen oder pauschalen Keule zu, wohl wissend, dass sie damit mehr Wirkung beim Gegenüber erzielen. Irene fühlt sich regelrecht dabei ertappt, ihren eigenen Ansprüchen nicht zu genügen. Und das machte sie ihrem Chef gegenüber völlig wehrlos: Sie kann ihm nur recht geben und verfällt wieder in das gewohnte Verhaltensmuster.

Doch in Irenes Fall besteht das Hauptproblem nicht darin, dass sie einfach weniger arbeiten will. Vielmehr hat sie es versäumt, dem Chef ihre Enttäuschung über die nicht erfolgte Beförderung mitzuteilen. Sie hatte danach eigenmächtig gehandelt und einfach geschlampt. Der Chef wurde zu Recht wütend, denn vermutlich hatte er gar nicht verstanden, dass Irene sich übergangen und überlastet fühlte – schließlich kennt er nur ihre ständige Leistungsbereitschaft. Sinnvoller wäre es gewesen, wenn Irene mit dem Chef offen über die fehlende Anerkennung für ihre Leistung geredet hätte – und darüber, dass die Arbeitsbelastung einfach zu viel für sie ist. Wenn Sie selbst ein solches Gespräch führen wollen, sollten Sie die folgenden Tipps beherzigen.

Tipp

Tipps für ein Downshifting-Gespräch

- Das Gespräch immer in Ruhe führen! Dadurch haben Sie mehr Kontrolle darüber, was Sie sagen und wie Sie das tun. Testen Sie am besten vorher mit anderen, was Sie sagen wollen, damit Sie sichergehen können, dass Ihre Botschaft auch richtig ankommt.
- Werden Sie nicht laut. Sie müssen Ihre Stimme nicht erheben, damit Sie gehört werden. Auch wenn Ihre Worte nicht aggressiv sind, geben Lautstärke, Geschrei, schnelles Reden oder wüste Gesten Ihrem Gegenüber den Eindruck, Sie seien feindlich eingestellt.
- Auch wenn es Ihnen als Perfektionisten besonders schwerfällt: Vermeiden Sie extreme, pauschalisierende Begriffe wie *nie, immer, jedes Mal, alles, kann nicht, will nicht.* Sie fühlen sich zwar sicherer, wenn Sie auf solche Verallgemeinerungen zurückgreifen, aber Ihr Chef fühlt sich dadurch vermutlich besonders angegriffen, denn die Verallgemeinerungen sind fast so schlimm wie Beleidigungen oder Schimpfwörter.
- „Ich will weniger arbeiten“ – das ist kein guter Einstieg für ein Gespräch. Die Formulierung ist zu pauschal, der Chef wird gleich in Abwehrhaltung gehen. Besser: Sprechen Sie pro Gespräch nur über einen Teilaspekt und nennen Sie immer den konkreten Fall, etwa: „Letzte Woche musste ich bis 22 Uhr im Büro bleiben, weil …“

- Setzen Sie nicht voraus, dass der andere schon verstehen wird, was Sie meinen; viele Probleme basieren auf Missverständnissen, und niemand kann Gedanken lesen. Äußern Sie sich so genau wie möglich, damit der andere weiß, wovon Sie reden und erläutern Sie anhand von konkreten Beispielen, was Sie sagen wollen.
- Hören Sie Ihrem Gegenüber konzentriert zu, statt in seine Worte etwas hineinzuinterpretieren. Und versuchen Sie, auch als Perfektionist, Kritik nicht persönlich zu nehmen.
- Seien Sie kreativ und flexibel, wenn Sie eine Lösung suchen. Überlegen Sie, wie alle Beteiligten gemeinsam zur Lösung des Problems beitragen können. Geben Sie zum Beispiel die Möglichkeit zu, dass Sie selbst auch einen Fehler gemacht haben und machen Sie dann Lösungsvorschläge. Das zeigt Ihre Kompromissbereitschaft.
- Droht das Gespräch aggressiv zu werden und schiefzulaufen: Vertagen Sie es.

Richtig verkaufen ist alles

Tatsächlich liegen die Gründe für eine mögliche Auseinandersetzung meist nicht darin, dass man weniger arbeiten will, sondern darin, wie man diesen Wunsch vorbringt. In vielen Fällen resignieren Mitarbeiter einfach und praktizieren wie Irene im stummen Protest eine Art Do-it-yourself-Downshifting, statt einfach Rücksprache mit dem Vorgesetzten zu halten. Dabei kommt es vor allem darauf an, wie Sie dem Chef Ihren Wunsch verkaufen: Häufig genügen einfache Umstrukturierungen in der Abteilung, um Sie zu entlasten, und der Chef hat weder Verluste noch Mühsal damit.

Versetzen Sie sich daher bei einem solchen Gespräch immer in die Rolle Ihres Chefs: Welches sind seine Ziele? Vermutlich will der Chef finanzielle Verluste vermeiden und spornt Sie daher zu mehr Arbeit an. Kommen Sie ihm entgegen, indem Sie ihm versichern, dass es keine Verluste geben wird. Auf diese Weise können Sie Ihrem Chef Ihr Downshifting schmackhaft machen.

Hilfe, mein Chef ist Perfektionist!

Wenn Ihr Chef auch Perfektionist ist, wird das Downshifting etwas schwieriger. Denn dann fordert er von Ihnen einfach nur die gleiche Leistungsbereitschaft wie von sich selbst und wird Ihre Überforderung als Schwäche missverstehen. Jetzt ist besonderes Fingerspitzengefühl gefragt: Seien Sie außerordentlich vorsichtig mit Kritik und verallgemeinernden Vorwürfen wie „Sie haben mich bei der Beförderung übergangen, Sie sehen ja meine Leistung nicht" – denn auf so etwas reagieren gerade Perfektionisten sehr schlecht. Betonen Sie besonders, dass Ihr Anliegen das Ergebnis und Ihre Gesamtproduktivität nicht schmälern wird.

Perfektionisten – ihr eigener schlimmster Chef

Ist also ohne Druck vom Chef alles in Ordnung? Leider nicht. Jana ist freiberufliche Übersetzerin. Sie hat sich auch deshalb selbstständig gemacht, weil Sie die ständigen Bevormundungen ihres Chefs nicht mehr ertragen konnte. Nun kann Sie ihre Arbeitszeit selbst einteilen, hat nur gelegentlich Kundenkontakt und sogar genügend Aufträge. Die Kunden sind offenbar nicht unzufrieden mit ihrer Arbeit – und dennoch steht Jana ständig unter Strom.

Der kosmische Buchhalter

Warum? Jana freut sich natürlich darüber, dass es gut zu laufen scheint. Dass sie aber selten mal ein Lob für ihre gute Arbeit bekommt, macht sie unsicher. Deshalb meint sie stets, noch etwas mehr tun zu müssen. Urlaub hatte sich schon seit Jahren nicht mehr, weil sie sich nicht traut, auch mal einen Auftrag abzusagen. Und für zahlreiche Aufträge hat sie sich schon die Nächte um die Ohren geschlagen. Natürlich ist es für den Aufbau ihres kleinen Unternehmens sinnvoll, wenn die Kunden mit ihrer Arbeit zufrieden sind und ihr treu bleiben.

Janas Akribie geht jedoch weit über das notwendige Maß hinaus: Im Stillen glaubt sie nämlich, dass das Leben nur dann fair zu ihr ist, wenn sie sehr viel dafür arbeitet. Sie bildet sich ein, eine Art kosmischer Buchhalter führe ein Konto über ihre Leistungen. Wenn sie stets perfekt ist, werden ihr ihre Bemühungen auf einem imaginären Habenkonto gutgeschrieben. Der Buchhalter muss es ihr dann einfach schuldig sein, sie vor „Schicksalsschlägen" zu bewahren! Wenn sie jedoch faul ist und ihre Messlatte nur ein paar Zentimeter tiefer legt, dann, so ist Jana überzeugt, wird ihr das Versäumnis von ihrem Habenkonto sofort abgezogen und sie bleibt dem Buchhalter etwas schuldig.

Der Wunsch nach Kontrolle

„Ganz schön überdreht, die Jana", werden Sie vielleicht denken. Und doch hat der absurd anmutende Glaube an den kosmischen Buchhalter eine wichtige Funktion: Er gibt Menschen wie Jana das sichere Gefühl, auch unvorhergesehene Ereignisse unter Kontrolle zu haben. So fürchtet Jana zwar nicht die Kritik ihres Chefs, aber was ist, wenn der wichtigste Kunde plötzlich pleitegeht? Wenn ihr Hauptansprechpartner wechselt? Oder wenn plötzlich alle Kunden zur Konkurrenz gehen, weil es dort billiger ist. Das alles sind Dinge, auf die Irene keinen Einfluss hat – und doch glaubt sie, durch eine stets perfekte Leistung vor solchen unvorhersehbaren Ereignissen verschont zu bleiben. Sie werden wissen, wie beruhigend das Gefühl ist, alles im Griff zu haben. Und wie wichtig es ist, denn der Mensch braucht in seinem Leben eine gewisse Sicherheit, damit er sich wohlfühlen kann. Nur blockieren darf es ihn nicht. Aber genau das passiert, wenn Jana ihr Handeln nach dem imaginären kosmischen Buchhalter ausrichtet. Denn der lässt sie nicht vernünftig und in Ruhe arbeiten, sondern drängt sie stets zu völlig widersinnigen Höchstleistungen. Dabei hat auch Jana schon, wie auch Irene, festgestellt, dass das Leben nicht immer fair ist; schließlich hat sie trotz großer Bemühungen auch schon einige Kunden verloren.

Klammern Sie sich nicht solcherart an perfektionistische Verhaltensweisen. Entwickeln Sie besser ein Gespür dafür, wo Ihre Fähigkeiten liegen – und wo Ihre Grenzen. Und nutzen Sie Ihre Fähigkeiten konsequent, statt ständig zu versuchen, allen Anforderungen gerecht zu werden. Versuchen Sie, mit Kritik an Ihrer Arbeit umzugehen. Und vergessen Sie nicht: Wenn Sie für gute Arbeit kein Lob erhalten, liegt das meist nicht daran, dass Sie schlecht waren. Viel eher ist es in unserem Arbeitsleben üblich, nur schlechte Leistungen zu kommentieren und gut Arbeit als selbstverständlich vorauszusetzen – das hängt mit der Bedeutung zusammen, die Arbeit als Wert in unserer Gesellschaft hat. Gerade deshalb ist es besonders wichtig, dass Sie mit Ihrer eigenen Leistung zufrieden sind und sich nicht das ohnehin spärliche Lob auch noch wegreden.

Ihre Stärken und Schwächen

Gut zu sich sein und dennoch realistisch bleiben – um das zu erreichen, hilft es, wenn Sie sich Ihre Stärken und Schwächen in Form von zwei Tabellen vor Augen führen, die Sie dann bei Bedarf immer wieder abrufen können.

Ihre Stärken

Legen Sie zunächst eine Tabelle für Ihre Stärken an. Da es Ihnen als Perfektionisten mit sehr hohen Ansprüchen an sich selbst schwerfallen dürfte, Ihre Stärken auf Anhieb zu erkennen, sollten Sie in die Stärkentabelle auch eintragen, wie Sie Ihre Stärke erkannt haben und wie sich diese zeigt. Damit Sie sich etwas leichter tun, die Stärken festzumachen und zu gliedern, sollten Sie diese nach Kompetenzbereichen gliedern. Sie wissen dann viel eher, wo Sie anfangen sollen zu suchen. Sie werden überrascht sein, wie viele Stärken Sie besitzen, an die Sie zunächst gar nicht gedacht haben.

z.B.

Analyse meiner Stärken		
Meine Stärken	**Woran erkenne ich sie?**	**Beschreibung/Ausprägung**
Fachkompetenz		
➤ Studium/Berufsausbildung ➤ Berufserfahrung ➤ Weiterbildung ➤ außerberuflich erworbene Erfahrung ➤ …	➤ Projektergebnisse, Resultate im Tagesgeschäft und Sonderaufgaben, Ausbildungs- und Arbeitszeugnisse, Noten, Zertifikate, Beurteilungen, ehrenamtliche Tätigkeiten usw. ➤ …	➤ sehr starke EDV-Kompetenz, Beleg durch erfolgreichen Abschluss einer beruflichen Weiterbildung ➤ …

Individualkompetenz		
➤ Kreativität ➤ Standfestigkeit ➤ Zielstrebigkeit ➤ Reflexionsfähigkeit ➤ Lernfähigkeit ➤ Ausdauer/Frustrationstoleranz ➤ Zugang zu den eigenen Gefühlen ➤ …	➤ charakteristische Handlungsmuster in schwierigen Situationen ➤ Aussagen in Arbeitszeugnissen ➤ …	➤ Hohe Zielstrebigkeit; letztes Jahr gelang mir die erfolgreiche Wiedereinstellung nach Jobverlust und längerer Bewerbungsphase, obwohl der Arbeitsmarkt angespannt ist ➤ Zugang zu den eigenen Gefühlen; ich betreibe keine Verdrängung, sondern bin mir meiner eigenen Ängste und Schwächen bewusst ➤ ….
Sozialkompetenz		
➤ Kontakt- und Kommunikationsfähigkeit ➤ Durchsetzungsfähigkeit ➤ Führungsstärke ➤ Interkulturelle Kompetenz ➤ Verantwortungsbereitschaft ➤ …	➤ Aussagen von Vorgesetzten, Mitarbeitern, Kollegen oder von Freunden, Bekannten, Familie über typische Verhaltensweisen in schwierigen Situationen ➤ Beurteilungen in Arbeitszeugnissen ➤ …	➤ Sehr stark ausgeprägte Kontaktfähigkeit in neuen Umfeldern: z.B. im Urlaub, im neuen Job oder in Vereinen ➤ stark ausgeprägte Durchsetzungsfähigkeit, belegt durch Familie und Arbeitszeugnisse ➤ …

Konzeptionelle Kompetenz		
➤ Visionsfähigkeit ➤ analytisches, strukturiertes Denken ➤ Situationsgespür ➤ Selbststeuerung ➤ Organisationstalent ➤ Fähigkeit zum Querdenken ➤ Koordinationsfähigkeit ➤ …	➤ Zahlreiche Projektarbeiten in Studium und Beruf ➤ Gutachten zur Diplomarbeit ➤ …	➤ Sehr stark ausgeprägtes Organisationstalent; Beleg: zwei schwierige Projekte erfolgreich abgewickelt, Familie und Beruf gut vereinbart ➤ …

Ihre Schwächen

Im zweiten Teil geht es nun um Ihre Schwächen. Für Sie als Perfektionist ist das besonders unangenehm. Doch stehen Sie auch zu Ihren Schwächen! Kein Mensch erwartet von Ihnen, dass Sie perfekt sind. Wenn Sie Ihre kleinen Schwächen wenigstens vor sich selbst zugeben, bekommen Sie ein viel objektiveres Bild von sich selbst und sind auch bei Kritik weniger empfindlich. Sie können bei der Analyse Ihrer Schwächen im Prinzip ähnlich vorgehen wie in Schritt 1. Notieren Sie, woran Sie Ihre Schwächen festmachen. Vermutlich finden Sie mit Ihrer kritischen Sicht auf sich selbst auf Anhieb viel mehr Schwächen als Stärken. Daher ist es vor allem wichtig, dass sie Ihre Schwächen nicht einfach nur kritisch konstatieren, sondern dass Sie sie positiv formulieren, wie sie damit umgehen wollen. Überlegen Sie ergebnisorientiert, ob Sie dennoch einen Nutzen aus der Schwäche ziehen können, etwa, indem Sie an ihr arbeiten oder sich für die Erledigung bestimmter Aufgaben Hilfe holen.

z.B.

Analyse meiner Schwächen		
Meine Schwächen	**Wie kann ich sie verringern?**	**Wie kann ich dennoch Nutzen daraus ziehen?**
Fachkompetenz		
➤ Erfahrung nur in einem Unternehmen ➤ ….	➤ Weiterbildung ➤ Kontakte zu weiteren Unternehmen ➤ …	➤ Dem Kunden meine fachliche Kompetenz speziell in diesem Bereich vermitteln ➤ …
Individualkompetenz		
➤ Ich werde bei Stress schnell nervös und ungeduldig ➤ …	➤ Ich sorge für mehr Ruhe, Pausen und Entspannung auch während der Arbeitszeit ➤ …	➤ Ich erledige meine Arbeit immer sehr schnell; wenn ich etwas mehr auf Sorgfalt achte, ist das ein echter Vorteil ➤ Ich suche mir Partner, die auch bei Stress die Ruhe bewahren ➤ …
Sozialkompetenz		
➤ Mangelnde Kooperationsbereitschaft ➤ …	➤ Ich suche mir Menschen, mit denen ich gut klarkomme ➤ …	➤ Ich kann mich sehr gut bei anderen durchsetzen, wenn ich lerne, mich mehr einzufühlen, erreiche ich noch mehr ➤ …

Konzeptionelle Kompetenz		
➤ Mangelnde Organisationsfähigkeit ➤ …	➤ Wenn ich mich besser organisiere, kann ich meine Ziele besser umsetzen ➤ …	➤ Ich kann in schwierigen Situationen spontan und flexibel entscheiden, wenn ich noch etwas besser organisiere, wird das ein echter Vorteil ➤ Ich suche mir Kollegen, die mich bei der Organisation unterstützen ➤ …

Ich denke, also bin ich?

„Was wäre wenn …“, „Hätte nicht vielleicht …“, „Könnte ich …“ – beginnen viele Ihrer Gedanken mit solchen Sätzen? Einen Gedanken von rechts nach links wälzen, stundenlang, nicht mehr aufhören können, ist Ihnen das nicht ganz fremd? Und neigen Sie dazu, sich übertrieben Sorgen um Dinge zu machen, dann aber nichts daran zu ändern? Dann könnte es sein, dass Sie ein *Thinkaholic* sind.

Gesundes Nachdenken oder Thinkaholismus?

Bevor Missverständnisse aufkommen: Nachdenken ist nichts Schlechtes. Im Gegenteil, in vielen Fällen hilft es Perfektionisten sogar, einmal tief durchzuatmen und einzuhalten. Sofern dieses Denken irgendwann zu einem Ergebnis führt oder abgeschlossen wird, ist dagegen nichts zu sagen. Auch dass Sie sich gelegentlich um wichtige Dinge Gedanken und Sorgen machen, ist normal und Ihnen sicher vertraut: Wird das Projekt auch rechtzeitig fertig werden? Wird das wichtige Meeting zum Ergebnis führen? Ist mein Arbeitsplatz trotz Wirtschaftskrise sicher?

Entscheidend ist, dass dem Nachdenken eine zielgerichtete Handlung folgt. Wenn Sie befürchten, Sie könnten ein Projekt nicht rechtzeitig beenden, sollten Sie überlegen, ob Sie wirklich alles dafür getan haben, es erfolgreich fertigzustellen. Wenn Sie Angst haben, dass Sie im Meeting die Kollegen nicht von Ihrer Idee überzeugen können, sollten Sie nochmals Ihre Argumente durchgehen. Und selbst wenn Sie glauben, an der aktuellen Wirtschaftslage ja doch nichts ändern zu können: Statt sich sorgenvoll in Ihrem Büro zu verkriechen und in typischer Perfektionisten-Manier ängstlich-verbissen vor sich hinzuwerkeln, könnten Sie genauso gut daran arbeiten, dass Sie mit Ihren herausragenden Fähigkeiten im Unternehmen noch deutlicher wahrgenommen werden und so Ihren Job sichern.

Wenn Sie allerdings nicht produktiv nachdenken, sondern sich grübelnd ziellos im Kreis drehen, ohne zu handeln, wenn Sie sich unentwegt Sorgen um eine Sache machen, an der Sie ohnehin nichts ändern können, dann wird das Nachdenken zum Selbstzweck. Sie können einfach nicht mehr aufhören zu grübeln und werden im Extremfall sogar völlig handlungsunfähig. Thinkaholismus entsteht – und ein regelrechter Teufelskreis beginnt, aus dem sie so leicht nicht mehr herauskommen.

Aus Liebe zum Detail

„Das ist mir auch klar", werden Sie vielleicht sagen. Denn vermutlich haben Sie es selbst schon bemerkt, dass Sie zu lange über eine Sache nachdenken. Und Sie fühlen, dass das ein ziemlich irrationales Verhalten ist. Möglicherweise haben Ihre Freunde oder Kollegen Sie auch schon auf diesen Tick hingewiesen. Oder einfach entnervt gesagt: „Hör doch endlich auf mit dem Gegrübel!" Sie wissen wahrscheinlich, dass es sicherlich besser wäre, optimistisch zu denken, statt sich ständig Sorgen zu machen. Doch so einfach ist es leider nicht, das Grübeln abzustellen. Denn das Grundproblem liegt etwas tiefer und ist im perfektionistischen Wunsch begründet, das Leben und die Welt im Griff zu haben.

Denn viele Perfektionisten wollen eine Situation dadurch kontrollieren, dass sie sie möglichst bewusst wahrnehmen. Sie versuchen also, so viele Informationen wie möglich zu erfassen und alle Facetten eines Problems zu beleuchten. Dabei gehen sie selbst an nebensächliche Teilaspekte eines Problems heran, als wären es wichtige Dinge, bei denen es sich lohnt, jedes Detail zu kennen. Sie wollen alles gründlich verstehen und sich später an alles erinnern. Daher scannen sie ihre Umgebung regelrecht nach jedem auch noch so kleinen Informationsbrocken ab, der ihnen jetzt oder irgendwann einmal nützlich sein könnte. Ja, manche Perfektionisten sind geradezu abergläubisch davon überzeugt, sie blieben vom kosmischen Buchhalter vor unliebsamen Überraschungen verschont, wenn sie sich nur lange und ausführlich genug mit einem Problem und all seinen Details beschäftigten.

Aus dieser Detailverliebtheit entsteht jedoch ein Problem: Das Hirn macht irgendwann nicht mehr mit. Das zeigen psychologische Studien. Zu viel Nachdenken ruft ein Gefühl des Kontrollverlusts hervor. Achten Sie einmal darauf, was passiert, wenn Sie sich das nächste Mal beim Grübeln ertappen: Am Anfang haben Sie vielleicht noch klare Gedanken und sind sich in Ihrer Meinung relativ sicher. Dann kommen Ihnen erste Zweifel, die Sie dazu bringen, die Sache auch aus einer anderen Perspektive zu betrachten. Denn je länger Sie darüber nachdenken, was Sie in dieser oder jener Situation anders machen könnten, je mehr Sie Ihre Gedanken hin- und herwälzen, desto mehr muss sich Ihr Gehirn anstrengen. Daher empfinden Sie das Problem, über das Sie nachdenken, umso komplizierter, je länger Sie sich damit beschäftigen. Und Sie finden es immer schwieriger, zu einem Ergebnis zu kommen. Dadurch verstärkt sich der Eindruck, die Situation nicht unter Kontrolle zu haben. Ihr Selbstbewusstsein schwindet, Sie werden unsicherer.

Selbst wenn Sie also nicht gleich eine Lösung für ein Problem ergrübeln können: Lassen Sie es erst einmal dabei bewenden. Denken Sie gegebenenfalls zu einem anderen Zeitpunkt nochmals über das Thema nach. Denn wenn Sie nun weitergrübeln, kommen Ihnen immer mehr Zweifel, die Sie im Extremfall gar nicht mehr abstellen können, ja, die Gedanken scheinen sich zu verselbstständigen. Wenn Sie Ihrem Gehirn hingegen eine Pause gönnen, werden Sie gelegentlich überrascht feststellen, dass sich das Thema von selbst erledigt hat.

Eine sehr simple, doch effektive Methode, sich vom Grübeln abzuhalten, ist der Gedankenstopp, der etwa 15 Sekunden dauert. Er dient dazu, sich bewusst zu machen, wann man ins Grübeln abgleitet und dieses Denkmuster bewusst zu durchbrechen, indem Sie dem Grübeln eine bewusste Reaktion entgegensetzen. Versuchen Sie die nachfolgende Übung zunächst einen Monat lang, damit Sie allmählich lernen, Ihre Gedanken bewusst wahrzunehmen und Ihr Verhalten zu steuern.

To do

Besorgen Sie sich ein Gummiband, das bequem um Ihr Handgelenk passt und streifen Sie es über die rechte oder linke Hand. Jedes Mal, wenn Sie sich beim Grübeln ertappen, ziehen Sie das Gummiband ein oder zwei Zentimeter auseinander und lassen es zurückschnellen. Zugleich sagen Sie mit lauter Stimme: „Stopp!" Wenn Sie nicht alleine sind, sagen Sie es leise, aber eindringlich zu sich. Atmen Sie tief ein und langsam wieder aus, entspannen Sie sich. Sagen Sie sich dabei: „Besorgnis oder Grübeln hilft nicht." Dann lenken Sie sich ab, z.B. indem Sie mit Ihrer Arbeit weitermachen. Falls Sie gerade nichts zu tun haben, machen Sie Entspannungsübungen oder beginnen Sie, etwas zu tun. Wichtig: Denken Sie an etwas anderes!

Thinkaholismus im Praxistest

Vielleicht möchten Sie einwenden, dass analytische Fähigkeiten gerade für das berufliche Vorankommen sehr nützlich sind. Es ist richtig: Für Perfektionisten kann die Begabung, Dinge zu reflektieren und von vorne bis hinten zu durchdenken, im Berufsalltag ein echter Pluspunkt sein. Meist sind sie ausgesprochen interessiert und neugierig und beschäftigen sich so lange mit einer Sache, bis sie wirklich alle Fakten und Hintergründe kennen. Dadurch erwerben viele Perfektionisten mit der Zeit ein umfangreiches Fachwissen, das ihnen ausgesprochen gute Karrierechancen ermöglicht – sofern sie es verstehen, ihre Kenntnisse auch entsprechend zu nutzen.

Auch die Handlungen und Entscheidungen von Perfektionisten sind in der Regel wohlüberlegt, denn sie denken vorab entsprechend lange darüber nach. Das kann ein echter Vorteil für die Karriere sein. Es kann sogar hilfreich sein, das zeigen die Forschungen des amerikanischen Psychologieprofessors Neil Roese, völlig unproduktiv über Dinge nachzugrübeln, die Sie ohnehin nicht mehr ändern können. Während Sie verpasste Gelegenheiten und die gefällten Entscheidungen ausgiebig in Zweifel ziehen, durchlaufen Sie nämlich einen sehr wichtigen psychologischen Prozess. Wenn Sie über vergangene Situationen eingehend nachdenken und überlegen, was Sie hätten besser machen können, werden Sie sich in Zukunft in ähnlichen Situationen entsprechend besser verhalten. Oder Sie gehen vorbereiteter in eine Situation. Das Weinen über vergossene Milch, so sinnlos es im ersten Moment erscheint, hilft auf diese Weise also, zukünftig Fehler zu vermeiden, Probleme zu lösen und Dinge zu verbessern.

Doch Perfektionisten müssen aufpassen, dass sie das Grübeln nicht übertreiben und dadurch ihrem Erfolg selbst im Wege stehen. Denn sie laufen Gefahr, so lange über eine Sache nachzudenken – eine Entscheidung regelrecht zu zergrübeln – und sich in Ängste und Sorgen derart hineinzusteigern, dass sie schließlich nicht mehr in der Lage sind zu handeln. Das ist gerade dann von Nachteil, wenn es im Berufsalltag auf Entscheidungsfreude und Führungsstärke ankommt. Und es wird zu einem richtigen Problem, wenn dadurch wichtige Arbeiten immer wieder aufgeschoben oder vernachlässigt werden. Denn manchmal ist es eben im Beruf auch sinnvoll, einfach zu handeln!

Es gibt noch ein anderes Problem: Der Wunsch, ein Problem von allen Seiten zu betrachten, lässt manche Perfektionisten gerne den Wald vor lauter Bäumen nicht sehen. So wie Sarah, die beim Brainstormen während eines Meetings jede neue Idee ihrer Kollegen akribisch zerpflückt – selbst wenn sie gar nicht deren Vorgesetzte ist und ihr die Kritik in dieser Form eigentlich gar nicht zusteht: „Wie haben Sie sich das im Einzelnen vorgestellt? Wie sieht die Finanzierung dieses Projektes aus? Und werden Sie durch diese Idee nicht andere Arbeiten vernachlässigen?“ Die Kollegen sind genervt, fühlen sich kritisiert und schweigen bald. Auch die Chefin ist nicht begeistert von Sarahs Einwürfen, denn die hat die wichtige Ideenfindung im Meeting mit ihren Bemerkungen regelrecht abgewürgt und überdies in ihren eigenen Kompetenzbereich eingegriffen. Sarah hingegen hat es nur gut gemeint, wollte als typische Perfektionistin eigentlich nur Schwachstellen aufzeigen und hat dabei aber das Wesentliche übersehen: In der ersten Phase des Brainstormens ist es wichtig, dass alle Beteiligten ihre Ideen kommentarlos herausposaunen können – eine detaillierte Betrachtung samt kritischer Beurteilung erfolgt erst später. Mit dieser Haltung hat sich Sarah bei ihren Kollegen nicht gerade beliebt gemacht.

Vielleicht waren Sie auch schon einmal in einer ähnlichen Situation. Sie wollten mit Ihren hintergründigen Gedanken eine Sache weiter vorantreiben, kritisch Schwachpunkte in den neuen Ideen aufzeigen und damit zum Vorteil aller handeln. Wahrscheinlich wollten Sie in solchen Momenten auch zeigen, dass Sie von der Materie wirklich Ahnung haben. Und dann haben Sie sich gewundert, warum Ihre Mitmenschen das nicht gesehen haben, sondern im Gegenteil von ihrer Detailverliebtheit genervt waren.

Tipp

In vielen Fällen reicht es völlig aus, sich zunächst nur einen allgemeinen ersten Eindruck zu verschaffen und sich eventuell später, wenn es wirklich wichtig ist, mit den Details zu beschäftigen!

Nur keine Panik!

So mancher Perfektionist kommt leider aus dem Sich-Sorgen gar nicht mehr heraus. Das kann zu dauerhaftem Pessimismus führen, den manche Menschen in regelrechten Panikattacken übersteigern. Das ist weder angenehm für Sie, noch Ihrer Arbeit besonders förderlich.

Pessimismus …

Wer viel grübelt, ist in der Regel pessismistischer als seine Mitmenschen und macht sich mehr Sorgen. Schuld daran ist das menschliche Gehirn, das uns hier einen Streich spielt. Es merkt sich einfach Dinge, die mit negativen Gefühlen verknüpft sind, besser als positiv belegte Ereignisse. Und wer viel nachdenkt, dem fallen auf diese Weise auch eher die negativen Ereignisse ein. Dadurch haben manche Menschen oft den subjektiven und falschen Eindruck, negative Ereignisse überwiegen in ihrem Leben – und machen sich daher auch mehr Sorgen um zukünftige Ereignisse. Vielleicht haben Sie sich auch schon darüber geärgert, dass viele Kollegen öfter jammern als Positives berichten? Und wenn Sie ehrlich sind, ist das bei Ihnen auch nicht anders. Die Ursache ist die subjektive Wahrnehmung.

Tipp

Wenn Sie Ihre Wahrnehmung ändern wollen, sollten Sie einfach einmal die Sorgen, die Sie sich um eine Sache machen, infrage stellen: Häufig resultieren nämlich zu pessimistische Gedanken daher, dass Sie Gegenbeweise übergangen haben. Fragen Sie sich: Was lässt mich das glauben? Warum denke ich das? Weiß ich das sicher? Was ist tatsächlich das Schlimmste, was mir passieren kann? Kann ich damit fertig werden? Sind schon andere Leute damit fertig geworden?

Möglicherweise gehören Sie zu den Leuten, die glauben, sich von vornherein auf den absoluten Worst-Case einzustellen. Diese Vorstellung hilft Ihnen dabei, auf jede nur erdenkliche Situation vorbereitet zu sein; in Ihren Augen ist Pessimismus also eine realitätsnahe Denkweise. Denn wenn es besser kommt, können Sie ja umso erleichterter sein, oder?

Ich muss Sie enttäuschen: Das Gegenteil ist der Fall. Wenn Sie dazu neigen, die Dinge aus einer pessimistischen Perspektive zu betrachten, sehen Sie die Welt auch automatisch negativer. Denn die selektive menschliche Wahrnehmung sorgt dafür, dass man in der Regel auch nur die Dinge aufnimmt, die die eigenen Einstellungen und Gefühle stützen. Folglich sehen Menschen mit einer negativen Einstellung vor allem die negativen Aspekte. Mit der Realität hat Pessimismus also genauso wenig zu tun wie übertriebener Optimismus, der Sie dazu bringen würde, nur die positiven Dinge zu sehen.

Was Ihnen hingegen wirklich weiterhilft, eine Sache richtig einzuschätzen, ist realistisch zu denken. Der Unterschied zwischen realistischem und pessimistischem Denken besteht darin, dass realistische Denker nicht leugnen, dass tatsächlich der schlimmste Fall eintreten könnte – aber sie gehen nicht fraglos davon aus, dass der Worst-Case auch garantiert eintritt. Realisten bleiben also einfach auf dem Boden der Tatsachen und übertreiben nicht.

To do

Wenn Sie eine Sache realistisch statt pessimistisch betrachten wollen, hilft es, wenn Sie einfach Beweise für Ihre pessimistische Behauptung nachvollziehen, um diese zu entkräften. Machen Sie sich klar, wie Sie zu Ihren pessimistischen Gedanken gekommen sind und welche Beweise Ihre Behauptungen stützen. Schreiben Sie Schritt für Schritt den Verlauf Ihrer Argumentation auf. Beginnen Sie mit der Schlussfolgerung: Wie sieht Ihr pessimistischer Gedanke aus? Nun schreiben Sie den Gedanken auf, der zu dieser Schlussfolgerung geführt hat. Fragen Sie sich: Welche Bedeutung verbinde ich mit diesen Worten? Warum glaube ich, dass das so eintritt? Welche Beweise habe ich dafür? Und wie sieht die Realität aus?

Manchmal geht eine Sache wirklich nicht gut aus, und die eigenen Befürchtungen werden wahr. Aber auch das ist kein Grund für übertriebenen Pessimismus. Wenn etwas Schlimmes eingetreten ist und Sie beispielsweise Ihren Job verloren haben, können Sie natürlich darüber nachdenken, wie schrecklich diese Sache ist und wie viel besser es Ihnen gehen könnte, wenn Sie nicht entlassen worden wären. Was aber bringt es Ihnen, so zu denken, außer dass Sie sich wirklich schlecht fühlen? Die Antwort ist: Nichts!

Drehen Sie daher den Spieß um. Denken Sie darüber nach, dass es noch schlimmer hätte kommen können. „Ich bin entlassen worden, ja, aber ich habe eine Abfindung bekommen, kann Arbeitslosengeld beantragen und mich neu bewerben, denn in meinem Arbeitsbereich werden Leute gesucht. Ich könnte auch arbeitsunfähig sein und völlig unqualifiziert, oder ich könnte in einem Land leben, in dem es kein Arbeitslosengeld gibt." Da Ihr Gehirn sich vor allem negative Dinge merkt, lohnt es sich, sich auf die positiven Aspekte einer Sache zu konzentrieren. Der Clou dabei: Sie bekommen bessere Laune und sind motivierter, etwas Neues anzugehen.

Tipp

Schreiben Sie sich jeden Tag alle positiven Dinge auf, die sich ereignen. Sobald Sie anfangen, negativ zu denken: Lesen Sie sich noch einmal durch, was Sie aufgeschrieben haben und rufen Sie sich das in Erinnerung.

… und andere Katastrophen

Leider bleibt es häufig nicht nur bei einem pessimistischen Gedanken – manche Perfektionisten übersteigern das Grübeln und Sich-Sorgen-Machen derart, dass sie regelrecht in Panik geraten. Vielleicht kennen Sie das von sich: Sobald nur ein kleines Problem auftritt, befürchten Perfektionisten sofort das Schlimmste und denken: „Jetzt ist alles vorbei. Das war es mit mir!" Kommt Ihnen das bekannt vor? Und jetzt seien Sie einmal ehrlich: Finden solche Übertreibungen, wenn Sie diese hier niedergeschrieben sehen, nicht auch ein wenig lächerlich?

Schuld an dieser extremen Denkweise ist der perfektionistische Hang, die Welt in Schwarz und Weiß einzuteilen. Denn in den Kategorien von alles oder nichts gibt es entweder *kein Problem* oder das Problem ist *eine Katastrophe*. So ist es zu erklären, dass manche Perfektionisten sich nicht nur Sorgen machen, sondern regelrecht außer sich geraten. Dadurch sind sie nicht mehr in der Lage, vernünftig zu denken, klare Entscheidungen zu fällen und zielgerichtet zu handeln. Und mehr noch: Dieses panische Verhalten verhindert mitunter sogar, dass Perfektionisten überhaupt nach möglichen Lösungen Ausschau halten. Im Extremfall führt es sogar dazu, dass die befürchtete Katastrophe überhaupt erst eintreten kann.

Dass übersteigerter Pessimismus alles andere als hilfreich ist beim beruflichen Vorankommen, ja, dass diese Haltung sogar häufig erst dazu führt, dass die befürchtete Katastrophe eintritt, zeigt das Beispiel von Mark:

„Kommen Sie morgen mal in mein Büro", hat der Chef gesagt. „Oh Gott", denkt Mark, „was kann der denn wollen?" Den ganzen Tag kommt er nicht mehr zum Arbeiten, weil er darüber nachgrübelt, warum der Chef mit ihm sprechen will. Vielleicht über das Kundengespräch letzte Woche. Eigentlich ist es doch gut verlaufen. Aber vielleicht fand der Chef, dass er zu dem Kunden etwas freundlicher hätte sein können. Und wenn sich der Kunde über ihn beschwert hat? Im Geiste geht Mark alle Argumente durch: Was hat er gesagt, wie hat der Kunde reagiert? Wenn der Chef morgen etwas von dem Kundengespräch sagt, will Mark perfekt vorbereitet sein. Im Geist erstellt er bereits eine Liste der Gegenargumente zusammen …

To do

Zwingen Sie sich dazu, Ihre übertriebenen pessimistischen Befürchtungen genau anzusehen und „entkatastrophieren" Sie: Es geht nicht um den Inhalt, sondern allein um den Wortlaut: „Jetzt ist alles vorbei" – machen Sie sich klar, dass schon die Formulierung übertrieben ist, denn mit Sicherheit ist nicht „alles" vorbei. Sehr oft meinen Sie nicht wirklich wörtlich, was Ihnen durch den Kopf geht, oder? Fragen Sie sich: Was meine ich genau mit dem Gedanken, der meinen Magen in Aufruhr bringt, meine Nerven zum Zerreißen spannt und mein Gehirn betäubt? Was meine ich mit dem Satz: „Das war es mit mir"? Was genau ist mit mir? Wovor genau habe ich Angst? Ist mein Leben bedroht? Warum sollte es mit mir aus sein?

Als typischer Perfektionist will Mark auf alle Details des Gesprächs mit seinem Chef vorbereitet sein, obwohl er keinen Einfluss darauf hat, was ihm bei dem Gespräch mit seinem Chef widerfahren wird. Vernünftig wäre nun, abzuwarten, was überhaupt auf ihn zukommt. Stattdessen spielt er die kommende Unterredung wieder und wieder gedanklich durch und nimmt sie vorweg. Sein perfektionistisches Bedürfnis nach Sicherheit treibt ihn dazu. Denn vielen Perfektionisten macht eine Situation, die sie nicht kontrollieren können, Angst. Daher will Mark auf alles, was der Chef sagt, vorbereitet sein. Er wird die passende Antwort schon wissen und damit alles im Griff haben. Aus diesem Grund grübelt er stundenlang unproduktiv herum und vernachlässigt sogar wichtige Aufgaben.

Da fällt ihm ein, dass Kollege M. kürzlich in der Kantine irgendwas von Umstrukturierungen im Unternehmen gefaselt hat. Es sei nur ein Gerücht – was aber, wenn an dem Gerücht etwas dran ist? Und bedeuten Umstrukturierungen nicht immer auch Entlassungen? Vielleicht will ihm der Chef morgen sagen, dass er ihn leider entlassen muss. In Gedanken malt sich Mark die Szene schon aus. Bald ist es für ihn kein Verdacht mehr, sondern Realität. Wie ein aufgescheuchtes Huhn läuft er den ganzen Abend zu Hause herum und nachts findet er vor lauter Panik keinen Schlaf. Besser als derart in Panik zu verfallen, wäre es, wenn Mark sich realistisch überlegte, ob seine Hypothese überhaupt richtig ist. Dazu müsste er seine Panikgedanken entkatastrophieren. Das könnte auf diese Weise geschehen:

Leider hat Mark sich nicht die Zeit genommen, seine pessimistischen Gedanken zu entkatastrophieren. Als er am nächsten Morgen das Büro des Chefs betritt, ist Mark daher überzeugt, entlassen zu werden. Aus einer kleinen Vermutung ist eine große Sache geworden. Mark sieht nicht mehr, dass es noch einen anderen Anlass für das Gespräch geben könnte als seine Entlassung.

z.B.

Mark würde mit der schlimmstmöglichen Schlussfolgerung beginnen. Die lautet in diesem Fall: „Ich werde entlassen“. Davon ausgehend müsste er sich nach und nach zurückarbeiten. Dadurch könnte er Schritt für Schritt zu dem Schluss kommen, dass seine Annahme eigentlich übertrieben ist:

Ausgangssituation – die schlimmste Annahme: „Das war es mit mir“ – War es das wirklich mit mir? Ist diese Annahme richtig? Warum? Wird mein Chef mich umbringen? Selbst wenn er mich entlässt, ist dadurch mein Leben nicht zu Ende.

Zwischenschritt – Grundängste: „Ich werde bestimmt entlassen“ – Warum denke ich das? Gibt es einen Anlass, der eine Entlassung befürchten lässt? Nun gut, ich habe vielleicht in letzter Zeit einige Fehler gemacht. Werde ich deshalb entlassen werden oder vielleicht nur eine Rüge bekommen.

Ergebnis – die ursprüngliche Situation: „Der Chef will mich sehen“ – Ich weiß nicht, warum er mich sehen will. Das macht mich unruhig. Aber nur, weil er mich sehen will, muss das ja nichts Negatives zu bedeuten haben.

Mit hängenden Schultern steht Mark vor seinem Chef: „Es tut mir leid, wenn Sie mit meiner Arbeit nicht zufrieden waren ...“, beginnt er entschuldigend. „Na, eigentlich wollte ich mit Ihnen über neue Aufgaben sprechen – aber wenn Sie glauben, Ihre Arbeit sei schlecht, sollten wir vielleicht lieber darüber reden“, unterbricht ihn der Chef argwöhnisch. Mark wird rot und stottert zur Entschuldigung: „Nun ja, ich habe mich eben gefragt, warum Sie mich in Ihr Büro gebeten haben ...“ Der Chef wischt Marks Bedenken vom Tisch: „Na ja, vergessen wir das. Mir geht es eigentlich um ...“ Am Ende verlässt Mark erleichtert das Büro. Aber er weiß auch, dass er in dieser Situation souveräner hätte reagieren können. „Wenn ich von vornherein klar nachgedacht hätte, wäre ich selbstbewusster in das Gespräch gegangen und hätte keine derart schlechte Figur abgegeben“, ärgert sich der Perfektionist. Durch seine Unsicherheit hätte er die befürchtete Situation beinahe selbst herbeigeführt, weil er sich für seine angeblich schlechten Leistungen entschuldigte.

z.B.

Mark könnte sich auch vorstellen, jemand anderen davon zu überzeugen, dass die Lage nicht so schlimm ist, wie dieser behauptet. Auch hierbei besteht die Aufgabe darin, Beweise zu finden, die seine These entkräften. Mark spielt praktisch seinen eigenen Anwalt vor Gericht, der sich selbst als einem imaginären Zeugen folgende Fragen stellt und diese auch gleich beantwortet.

- Weiß ich sicher, dass ich entlassen werde? – Nein, ich weiß es nicht sicher – es ist eine reine Vermutung.
- Sind in letzter Zeit andere Mitarbeiter entlassen worden? – Nein, in letzter Zeit gab es keine Entlassungen.
- Geht es der Firma wirtschaftlich schlecht? – Nein, der Firma geht es außerordentlich gut.
- Warum glaube ich also, dass ich entlassen werde? – Es besteht kein Grund, es zu glauben.

In manchen Fällen reicht es schon, wenn Sie die negativen oder grüblerischen Gedanken nur loswerden, etwa, indem Sie sich jemandem anvertrauen oder indem Sie sich Ihre Gedanken von der Seele schreiben. Doch oft ist es besser, die Katastrophengedanken nicht nur loszuwerden, sondern auch durch realistischere Gedanken zu ersetzen. Dabei hilft es, wenn Sie nicht nur auf der rein sprachlichen Ebene bleiben, sondern auch in Bildern denken – diese verstärken Ihre Emotionen, und Sie können die realistischen Gedanken viel besser aufnehmen.

Tipp

Stellen Sie sich vor, Ihr pessimistischer Gedanke wäre ein Bilderrätsel, in dem Sie ein unpassendes oder unlogisches Element herausfinden sollen. Und jetzt denken Sie darüber nach, etwa in der Weise: Was passt nicht in dem Bild „Ich werde entlassen werden. Das war es mit mir!“. Stellen Sie sich die Entlassungssituation bildhaft vor: Werden Sie wirklich im Moment Ihrer Entlassung vernichtet? Was kann sonst noch passieren? Vielleicht erhalten Sie eine großzügige Abfindung, mit der Sie mehrere Jahre gut leben können?

Perfektionismus – ein ökonomisches Problem?

Perfektionismus zeigt sich in unserer Gesellschaft in einem Bereich besonders stark: im Beruf. Denn der hat für die meisten Menschen eine ganz immense Bedeutung. Längst ist der Job viel mehr als einfach nur Mittel zum Zweck des Lebensunterhalts, er dient vor allem auch der Selbstidentifikation. Sprich: Der Job spült nicht nur das Geld in unsere Kassen, sondern definiert darüber hinaus auch unseren gesellschaftlichen Status. Kein Wunder also, dass wir versuchen, im Job alles perfekt zu machen. Und einerlei, ob es sich um falsche Entscheidungen, misslungene Innovationen oder nur um Kleinigkeiten handelt – Fehler sind eines der letzten Tabus des Wirtschaftslebens. Das ist mehr als nur schade: Mitarbeiter wie Unternehmen nehmen sich mit ihrem übertriebenen Perfektionismus die Chance, aus Fehlern zu lernen und Innovation zu fördern.

Angst geht um im Unternehmen

Wichtig ist der Beruf natürlich allein schon deshalb, weil er unsere Existenz sichert. Oder besser gesagt sichern soll – denn nichts ist heutzutage so sicher wie die Unsicherheit: In den vergangenen 20 Jahren haben Begriffe wie Flexibilität, Mobilität und lebenslanges Lernen Karriere gemacht; berechenbare Lebensbiografien wurden zu einem schönen Traum, finanzielle Sicherheit scheint immer unplanbarer. Auslöser für diese Entwicklung sind die zunehmende Globalisierung und ein immer radikaler werdender Konkurrenzkampf am Markt. Daraus resultieren Spar- und Rationalisierungsmaßnahmen, die Verlagerung von Arbeitsplätzen ins Ausland und geringere Löhne. Die jüngste Banken- und Finanzkrise hat diese Tendenz nur noch verstärkt. Das Ergebnis: Die Angst um den Arbeitsplatz geht um.

Pessimismus und der Hang, vor allem auch in den Medien kleine Probleme zu einer ganz großen Katastrophe auszuweiten, verstärken diese Ängste noch. Und viele Menschen versuchen, mit ihren Ängsten fertig zu werden, indem sie typisch perfektionistische Verhaltensweisen an den Tag legen. Die zunehmende Verunsicherung soll mit einem Übermaß an Kontrolle bekämpft werden, und so klammert man sich fast schon verzweifelt an althergebrachte Strukturen, statt Engagement zu zeigen und etwas Neues zu wagen.

Da passt was nicht!

Einerseits ist Geiz geil, und jeder will Geld sparen, wo er nur kann. Andererseits finden viele Menschen es zu anstrengend, neue Ideen zu entwickeln und zu riskant, selbst unternehmerisch tätig zu werden. Da darf man sich über steigende Arbeitslosigkeit eigentlich nicht beklagen.

Viel hilfreicher ist eine optimistische Sichtweise. Schließlich profitiert jeder von uns auch von den offenen Grenzen, dem hohen Innovationstempo und dem scharfen Wettbewerb. Niedrige Preise, ein reiches Warenangebot und fortschrittliche Produkte, über die wir uns als Konsumenten freuen, gehen eben zu Lasten jener Beständigkeit der Arbeitsplätze, die Sie aus den Zeiten kennen, als die Uhren der Wirtschaft noch langsamer gingen und ihre Grenzzäune noch höher waren.

Im Prinzip ist ein wenig Angst auch nicht verkehrt, denn natürlich ist es wichtig, dass jeder seine Arbeit gut macht. Gerade in verantwortungsvollen Positionen sollten die Betreffenden ihr Metier so gut wie möglich beherrschen – denken Sie nur an den Manager, dessen Fehlentscheidung Tausende von Mitarbeitern den Job kosten kann oder an den Arzt, dessen Fehler für Patienten lebensbedrohlich sein können. Wer sich zu sicher fühlt, kann allzu schnell nachlässig werden. Die konstruktive Angst, Fehler zu machen, die jeder von uns in bestimmten Situationen kurzfristig verspürt, hat daher eine wichtige Funktion: Sie motiviert uns, die Angst zu überwinden und eine Sache so gut wie möglich zu machen.

Problematisch wird Angst dann, wenn sie nicht nur kurzzeitig, sondern dauerhaft auftritt und das Denken und Handeln immer stärker beherrscht. Leider ist das nur allzu oft der Fall. Studien zeigen, dass die Angst, Fehler zu machen und die Angst vor Arbeitsplatzverlust zu den häufigsten Ängsten in deutschen Unternehmen gehören. Solche Ängste ziehen sich durch alle Hierarchiestufen und betreffen kleine Angestellte genauso wie Topmanager. Gern werden diese Ängste von den Unternehmen selbst noch geschürt und als Machtmittel eingesetzt, um mehr Druck zu erzeugen und damit zu erreichen, dass die Mitarbeiter zu 110 Prozent leistungsbereit sind.

Das Märchen von der Effizienzsteigerung

Leider ist es jedoch ein folgenschwerer Irrglaube, dass bei 110-Prozent-Leistung auch immer ein Mehr an Ergebnis herauskommt; im Gegenteil, in der Regel klaffen der Anspruch an die Effizienz und die Wirklichkeit weit auseinander. Wie die Produktivitätsstudie der amerikanischen Unternehmensberatung Proudfoot-Consulting jährlich wieder aufs Neue zeigt, kann übermäßiger Arbeitseifer nämlich auch das Gegenteil bewirken: Allein in Deutschland werden im Schnitt 26 Arbeitstage pro Jahr und Mitarbeiter verschwendet – und zwar vor allem durch unnötige Wartezeiten und Doppelarbeiten, die durch besonneneres Handeln vermieden werden könnten. Außerdem verursachen Druck und jene hektische Betriebsamkeit, die dann entsteht, wenn man alles perfekt machen will, Stress. Der wiederum hemmt das klare Denkvermögen und führt zu Fehlern.

STOP

Job als Kompensator?

Untersuchungen zeigen, dass viele Perfektionisten den Beruf nutzen, um typische Charaktereigenschaften wie Ehrgeiz, innere Unsicherheit, Hyperaktivität und Hektik, Geltungsdrang, Machtstreben und Aggressivität zu kompensieren, denn unsere moderne Arbeitswelt scheint diese Züge oft nicht nur zu tolerieren, sondern geradezu zu fordern.

Solch unproduktiven Arbeitseifer kann man daher mit gutem Gewissen als blinden Aktionismus bezeichnen. Natürlich vermittelt er den Vorgesetzten den Eindruck, die Mitarbeiter erbrächten Höchstleistungen. In Wirklichkeit kostet er deutsche Unternehmen aber 135 Milliarden Euro im Jahr, weil die Mitarbeiter überflüssige oder sogar falsche Dinge tun. Der volkswirtschaftliche Schaden durch den übertriebenen Leistungsanspruch ist also beträchtlich.

Verantwortlich für die schlechte Arbeitsorganisation ist aber vor allem das Management selbst, das die Arbeitsabläufe seiner Mitarbeiter ja eigentlich regeln sollte. Zur Mitarbeiterführung gehört es normalerweise auch, Entscheidungen darüber zu fällen, wer welche Arbeit macht, welches Budget zur Verfügung steht und wann ein Projekt beendet sein soll. Genau hieran hapert es aber häufig, denn auch die Entscheider in den Chefetagen sind unsicher und wollen vor allem eines: bloß keine falschen Entscheidungen fällen – typisch perfektionistisch. Daher zögern sie wichtige Entscheidungen immer wieder hinaus und bescheren ihren Mitarbeitern jene überflüssigen Arbeitszeiten, die das Unternehmen bares Geld kosten.

STOP

Unsicher im Job?

Die meisten Menschen erleben im Job Situationen, in denen sie auch einmal unsicher sind, selbst Spitzenmanager. Doch Gefühle und Ängste gelten als unprofessionell und werden tabuisiert, Fehler werden mit Sanktionen und Schuldzuweisungen bestraft. Das ist fatal, denn nur wer seine Gefühle akzeptiert, seine Ängste erkennt und aus seinen Fehlern eine Lehre zieht, kann daraus für die Zukunft lernen, es besser zu machen.

Doch gerade in unklaren, dynamischen Situationen schießen einige Manager ihre Entscheidung ab wie eine Kanonenkugel und kümmern sich nicht weiter darum, wo das Ziel genau liegt: Statt Informationen einzuholen und klug Argumente pro und contra abzuwägen, verallgemeinern sie in typischer Perfektionistenmanier den Sachverhalt und handeln nach einem pauschalisierten Entscheidungsmuster. Schnell, schnell geht es dann weiter zur nächsten Aufgabe, zur nächsten Entscheidung. Was dabei als Entscheidungsfreude gefeiert wird, birgt in Wirklichkeit ein großes Fehlerpotenzial. Die Mehrheit der Fehlentscheidungen in Unternehmen ist sogar zurückzuführen auf solche intuitiven Entscheidungsprozesse, bei denen wichtige Informationen für eine optimale Entscheidung fehlen: In einer Befragung von 675 Top-Entscheidern aus Europa und den USA gaben zwei Drittel zu, ihre Entscheidungen eher spontan und intuitiv zu fällen, und 77 Prozent räumten dabei mehrere Fehlentscheidungen ein.

Tritt das Desaster dann ein, beginnt die Suche nach Umständen, denen man die Schuld geben kann: Wirtschafts- und Finanzkrise, Marktlage, unfaire Konkurrenz, eine unglückliche Verkettung von Ereignissen usw. – diese und ähnliche Gründe dienen dann als Sündenböcke dafür, dass man vielleicht an den Bedürfnissen des Kunden vorbei entschieden hat oder die Qualität des eigenen Produktes aufgrund von Fehlentscheidungen zu schlecht ist. Denn wer sich am wenigsten zuschulden kommen lässt, wird garantiert befördert. Wer hingegen zugibt, etwas falsch gemacht zu haben, muss mit Sanktionen rechnen.

Daher verwenden nicht wenige Mitarbeiter aller Hierachiestufen kostbare Arbeitszeit darauf, gemachte Fehler zu verleugnen, zu vertuschen, zu beschönigen oder diese sogar anderen unterzuschieben. Das eigentliche Ziel, gemeinsam etwas Produktives zu erreichen wird sekundär, ja, tritt manchmal sogar völlig in den Hintergrund. Vielmehr ist in einigen Unternehmen eine regelrechte Wettbewerbskultur herangereift, in der es einzig nur noch darum geht, die lieben Kollegen an

Fehlerlosigkeit zu übertrumpfen: Und die geht so weit, dass ganze Branchen die interne Revision mehr fürchten als die Konkurrenz.

Mache Fehler – sei Unternehmer!

Wo Perfektionismus solcherart zur Unternehmenskultur erhoben wurde, ist kein Platz für unternehmerisches Handeln. Denn wer perfektionistisch denkt, sorgt sich primär darum, keine Fehler zu machen. Statt ihre gesamte Energie daranzusetzen, einen Erfolg zu erreichen und dafür auch Risiken einzugehen und Rückschläge in Kauf zu nehmen, verhalten sich solche Misserfolgsvermeider entsprechend vorsichtig und defensiv. Möglicherweise schaffen sie es sogar, nichts Falsches zu tun, aber zu einem hohen Preis: Wer der Vermeidungsstrategie folgt, vermeidet es auch, jene wichtigen Entscheidungen zu treffen, die für das persönliche Vorankommen, aber auch für die gesamte Wirtschaft wichtig sind. Denn deren Hauptmotor sind kleine und mittelständische Unternehmen, die Innovationen fördern und Arbeitsplätze schaffen.

Wie groß die Angst, etwas Neues zu wagen, vor allem in Deutschland ist, zeigt sich besonders gut am Beispiel der beruflichen Selbstständigkeit: Der *Global Entrepreneurship Monitor* bewertet jährlich die Existenzgründungsbedingungen in 42 Ländern und stellt den Deutschen ein echtes Armutszeugnis aus: Was die gesamtgesellschaftliche Haltung zur Selbstständigkeit angeht, liegen wir aktuell auf Platz 34. Nur in Ländern wie Uruguay, Slowenien oder Ungarn ist die Skepsis, sich selbstständig zu machen, noch größer. 46,5 Prozent der befragten Deutschen im Alter zwischen 18 und 64 Jahren würden den Schritt in die Selbstständigkeit gleich ganz sein lassen – aus Angst, es könnte schiefgehen. In den USA ist die Angst vor dem Scheitern für ganze 79 Prozent der potenziellen Unternehmen kein Problem.

Der Internetriese Google hat Scheitern sogar zum Geschäftsprinzip erklärt – der Erfolg gibt ihm recht. Denn das Unternehmen hält seine Mitarbeiter dazu an, Ideen für neue Dienstleistungen einfach auszuprobieren. Auf diese Weise entstand zum Beispiel das äußerst erfolgreiche Google-Mail. Natürlich sind viele Ideen schon im Vorfeld gescheitert, haben den Testbetrieb nie überstanden oder konnten sich am Markt nicht durchsetzen. Doch das Scheitern wird als normal betrachtet, daher tut es weniger weh, wenn aus einem Testlauf nichts wird. Aber es besteht immer die Chance, dass die nächste Idee ein Volltreffer werden kann. Vor den Google-Gründern Sergey Brin und Larry Page setzten schon andere amerikanische Unternehmen sehr erfolgreich auf dieses Prinzip: IBM-Gründer Thomas Watson vertrat den Standpunkt, dass es der schnellste Weg zum Erfolg sei, die Fehlerrate zu verdoppeln. Und Jack Welch, Ex-Chef von General Electric ging sogar so weit, Fehler zu belohnen.

In Europa, und besonders in Deutschland, konnte dieses Denken bisher noch nicht so recht um sich greifen. Denn Fehler und Scheitern zuzulassen und nicht mehr auf Absicherungen zu setzen, erfordert hierzulande viel Mut. Nicht wenige glauben, dass Fehler peinlich sind und uns Ansehen und Status kosten – gerade im Berufsalltag, wo missgünstige Kollegen nur auf unsere Missgeschicke zu warten scheinen. Immerhin haben die ersten Unternehmen bereits erkannt, dass sie langfristig nur durch einen offeneren Umgang mit Fehlern erfolgreich sein können. Selbst die Chefs einiger großer deutscher Unternehmen bekannten sich in der *Wirtschaftswoche* offen zu ihren Fehlern, aus denen sie am meisten gelernt hätten.

Die Fischfabrik Frozen Fish International beispielsweise analysiert ihre Fehler in sogenannten One Point Lessons: Wenn ein Fehler passiert, setzen sich die Beteiligten zusammen und klären ganz genau, was passiert ist. Von jeder Sitzung gibt es ein Protokoll, das später jederzeit abrufbar bleibt. Wenn ein Mitarbeiter mit einer neuen Aufgabe betraut wird, muss er die dafür wichtigen One Point-Texte durcharbeiten, damit er die Fehler seiner Vorgänger nicht wiederholt. Auch der Arzneimittelkonzern Schwarz Pharma führte sogenannte Lesson Learned Meetings ein, bei denen die gemeinsamen Pannen kritisch begutachtet und Problemlösungen erarbeitet werden. Und beim Schulbuchverlag Ernst Klett verfassen die Geschäftsführer „Flopberichte“.

Dass Fehler nützlich sein können, lässt sich auch in Euro und Cent belegen. Eine Untersuchung des Gießener Organisationspsychologen Michael Frese ergab, dass Unternehmen mit gutem Fehlermanagement um bis zu 20 Prozent profitabler sind als andere. Manches Spitzenprodukt und manche Erfolgsstrategie entstand sogar nur, weil aus einem Fehlschlag die richtigen Konsequenzen zur Verbesserung gezogen wurden. Ist die Fehlertoleranz jedoch gering, reduziert sich die Produktivität um ungefähr 20 Prozent. Wo alles schon perfekt scheint und keine Fehler erlaubt sind, können eben auch keine Neuerungen entstehen, die das Unternehmen voranbringen.

Irren ist menschlich

Irren ist menschlich … Leicht dahingesagt, dieses Wort, denn wer gibt schon gern zu, dass er einen Fehler gemacht hat? Eigentlich niemand. Und doch passieren große und kleine Fehler jedem von uns Tag für Tag. Vielleicht haben Sie auch schon einmal eine vertrauliche E-Mail an die falsche Person geschickt oder bei einem Meeting schlecht recherchierte Informationen präsentiert? Und haben Sie nicht auch gelegentlich die Äußerungen eines Kollegen falsch verstanden und absolut unpassend reagiert?

Reaktion ist alles

Irrtümer und Fehleinschätzungen sind bei Menschen an der Tagesordnung; Psychologen schätzen, dass jeder Mensch pro Stunde zwei bis fünf Fehler macht. Gründe dafür sind zum Beispiel Überlastung, Verwendung falschen Materials oder ein Produkt, das nicht ausreichend getestet wurde. Das ist Murphys Gesetz: Was schiefgehen kann, geht auch schief. Oder salopp ausgedrückt: Shit happens.

Fruchtlose Vermeidungsstrategien

Daraus folgt: Auch wenn Sie perfektionistisch all Ihre Zeit darauf verwenden, jeden auch nur erdenklichen Fehler von vornherein auszuschließen – gelingen wird Ihnen das nie. Es werden Ihnen immer kleinere Fehler unterlaufen. Entscheidend für Ihr berufliches Vorankommen ist allein, ob Sie bereit sind, Kritik anzunehmen und aus Ihren Fehlern zu lernen. Oder ob Sie lieber über Ihre Fehler klagen und sich dafür selbst hassen wollen. Die Entscheidung liegt bei Ihnen.

> Wie wir mit Fehlern umgehen, hängt immer auch von der Art ab, wie wir kritisiert werden: Wenn Ihr Kollege oder Chef unverschämt wird oder einzelne Fehler verallgemeinert, etwa indem er sagt: „Sie blöde Kuh, Sie machen immer alles falsch!", sollten Sie die Unsachlichkeit zurückweisen: „Ich weiß, dass ich einen Fehler gemacht habe. Dennoch brauchen Sie mich nicht zu beleidigen." Bitte nicht ausfällig oder beleidigt reagieren: Das wirft kein gutes Licht auf Ihre Bereitschaft, konstruktiv mit Fehlern umzugehen. Wenn man Ihren Fauxpas jedoch detailliert kritisiert und konstruktive Verbesserungsvorschläge macht, will man vermutlich nur helfen. Bleiben Sie also freundlich: „Danke, dass Sie sich so viel Mühe gegeben haben. Ich setze das entsprechend um." Wenn Sie anderer Ansicht sind, können Sie diese sachlich begründen: „Ich danke Ihnen für Ihre Kritik. Aus folgenden Gründen sehe ich das aber anders ..."

Gerade im Umgang mit Fehlern machen sich Perfektionisten das Leben oft unnötig schwer. So wie Paul. Er ist freiberuflicher Softwareprogrammierer. In letzter Zeit hatte er leider einige private Probleme. Und so kommt es dazu, dass er beim abschließenden Test einer neuen Software, total übermüdet, einige Fehler übersieht. Der Kunde, für den diese Software eigens konzipiert wurde, hat durch die Fehler einen Systemabsturz; da er aber mit Pauls Arbeit bislang stets zufrieden war, zeigt er sich kulant: Paul kann die Fehler innerhalb einer Woche ausbessern. Für Paul jedoch ist das Ereignis ein Schock – wie konnte das nur passieren? Auf keinen Fall darf ihm das noch einmal geschehen. Die Software muss bis zum Termin absolut fehlerlos sein. Beim nächsten Mal will er unbedingt jeden Fehler vermeiden.

Tipp

> Wenn Sie einen Arbeitsauftrag bekommen, der Ihrer Meinung nach zu Fehlern führen wird, weil Sie zum Beispiel die Arbeit in der vorgesehenen Zeit unmöglich schaffen können: Weisen Sie rechtzeitig diplomatisch und mit sachlichen Argumenten darauf hin! Fragen Sie den Vorgesetzten nach seiner Meinung, damit er nicht verärgert reagiert. Und zeigen Sie, dass es eine bessere Lösung geben kann: „Meine Erfahrung zeigt mir, dass wir, wenn wir das wie jetzt geplant machen, bestimmte Konsequenzen befürchten müssen. Ich würde daher einen anderen Weg vorschlagen. Was meinen Sie dazu?"

Paul möchte in der kommenden Woche die Software nicht nur abliefern, sondern auch noch selbst installieren, um zu zeigen, dass sie absolut fehlerlos funktioniert.

Zusätzlich zur Überarbeitung des Programms recherchiert er daher einige wichtige Fakten und gestaltet ein Handbuch zur Bedienung seines Programms. Er will unbedingt einen guten Eindruck machen und arbeitet dafür Tag und Nacht. Doch leider läuft die Software nicht fehlerfrei. Paul gerät stark unter Druck, macht dabei einige entscheidende Fehler und legt dadurch das komplette Computersystem des Kunden lahm. Er hatte einige Besonderheiten in dem fremden System nicht einkalkuliert. Für sein sorgsam ausgearbeitetes Handbuch interessiert sich niemand mehr – der Kunde entzieht Paul den Auftrag. Pauls perfektionistische Vermeidungsstrategie hat zum Misserfolg geführt.

Der absolute Supergau

Warum aber der ganze Stress? Für viele Perfektionisten ist ein Fehler geradezu ein persönlicher Supergau: Er zeigt ihnen, dass sie längst nicht so perfekt sind, wie sie geglaubt haben und verunsichert sie zutiefst in ihrem Bedürfnis, die Dinge unter Kontrolle zu halten. Dazu kommt, dass viele Perfektionisten zu einer Alles-oder-Nichts-Haltung neigen, die sie dazu bringt, aus einem kleinen Fehler eine Katastrophe zu machen. Für sie ist es auch deshalb so erstrebenswert, absolut fehlerlos zu sein, weil für sie bereits ein einziger kleiner Fehler bedeutet, dass sie ihre Arbeit gänzlich schlecht erledigen. „Ich mache ja immer alles falsch“, jammern sie dann gern und bemitleiden sich dabei kräftig selbst. Um gar nicht erst in diese Situation zu kommen, möchten sie Fehler um jeden Preis vermeiden, zum Beispiel, indem sie sich akribisch auf eine Situation vorbereiten, um gegen jede Eventualität gerüstet zu sein.

Natürlich ist es wichtig, so sorgsam wie möglich vorzugehen, damit Fehler erst gar nicht passieren. Doch niemand kann vorausahnen, was in einer bestimmten Situation geschehen wird: Wenn Sie beispielsweise eine Präsentation vorbereiten, können Sie die Fragen Ihrer Zuhörer nicht schon vorher wissen, sondern müssen während des Vortrags auch improvisieren. Dennoch setzen sich viele Perfektionisten mit dem Wunsch, auf keinen Fall einen Fehler zu machen, regelrecht selbst unter Druck und schießen dabei auch oft über das Ziel hinaus – wie Paul. Je mehr sie sich bemühen, etwas absolut richtig zu machen, desto mehr Stress bauen sie auf und können dadurch im entscheidenden Moment nicht vernünftig reagieren. Denn Stress wirkt sich negativ auf das klare Denk- und Konzentrationsvermögen aus – wie das genau geschieht, erfahren Sie noch. Durch diesen Mechanismus entstehen Fehler. Vermutlich kennen auch Sie aus Ihrem eigenen Arbeitsalltag einige Situationen, in denen Sie alles so gut wie möglich machen wollten. Und gerade dann ging etwas schief – eben weil Sie im entscheidenden Moment zu sehr unter Stress standen!

Paul hält sich nun für einen vollkommenen Versager und beschließt, die Selbstständigkeit aufzugeben und sich einen ruhigen Bürojob ohne jede Verantwortung zu suchen. Doch auch wenn sein Verhalten so wirken könnte, als würde er seine Fehler einsehen und Konsequenzen daraus ziehen – das Gegenteil ist der Fall: Er reagiert völlig übertrieben. Indem Paul seinen Fehler verallgemeinert, macht er sich gegen jede Kritik immun; wenn er ohnehin ein Versager ist, ist es ja ganz und gar unmöglich, etwas zu verbessern, und er braucht sich gar nicht erst zu bemühen, es bei einem neuen Auftrag besser zu machen. Statt also genau zu analysieren, was schiefgegangen ist und was beim nächsten Mal anders werden könnte, gibt er auf. Mit dieser Mischung auch Schwarz-Weiß-Denken, Katastrophismus und Bequemlichkeit verbaut er sich aber selbst die Möglichkeit, seine gewonnenen Einsichten für die Zukunft zu nutzen.

STOP

Fehler auf eine derart übertriebene Art- und Weise einzugestehen, indem Sie sich selbst des völligen Versagens bezichtigen, wirkt auf andere nur bedingt positiv. Manchmal zieht die „Tränendrüsennummer". Es reicht aber nicht, wenn Sie plastisch und in epischer Breite über Ihren Fehler klagen, Sie müssen auch zeigen, dass Sie zwar überlastet, aber trotz aller Widrigkeiten bereit sind, Übermenschliches zu leisten. So mancher Chef fühlt sich dann als Sklaventreiber und Ausbeuter und wird Ihnen aus schlechtem Gewissen und Mitleid verzeihen. Andere Chefs stempeln Sie mit solch einem Verhalten allerdings zum unglaubwürdigen Schwächling – vor allem, wenn es öfter vorkommt und Sie jedes Mal laut klagen, sich aber immer wieder der gleichen Fehler vorwerfen. Dann zeigen Sie, dass Sie nichts gelernt haben. Besser: Gehen Sie konstruktiv mit Fehlern um!

Konstruktiv statt destruktiv

Aus diesen Gründen ist das Vermeiden von Fehlern um jeden Preis nicht die optimale Strategie. Viel sinnvoller ist es, konstruktiv mit Fehlern umzugehen und daraus für die Zukunft zu lernen. „Wenn das so einfach wäre …", werden Sie vielleicht stöhnen. Richtig! Einfach ist es nicht, denn dazu müssen Sie sich Ihre Fehler zunächst bewusst machen und analysieren, was genau schiefgegangen ist. Je nachdem, wie schwer der Fehler wiegt und welche Konsequenzen sich daraus ergeben, kann dieser Prozess schwierig und auch schmerzhaft sein. Denn Sie werden sich ein ums andere Mal fragen, was Sie hätten besser machen können und ob sich aus einer anderen Entscheidung eine andere Situation ergeben hätte.

Aber diese Gedanken sind keinesfalls unnötig oder gar Zeitverschwendung. Denn wenn Sie darüber nachdenken, was anders hätte laufen können, bekommen Sie neue Ideen zur Lösung eines Problems oder erkennen, worauf Sie bei der nächsten Entscheidung achten sollten, um diesen Fehler zu vermeiden. Aber Achtung: Nicht in tiefes Grübeln versinken! Es ist viel wichtiger, dass Sie nach einer eingehenden Analyse Ihre Erkenntnisse auch produktiv in die Tat umsetzen.

Wie Sie mit Schwierigkeiten umgehen, hängt auch stark von Ihrer inneren Einstellung ab. Das gilt gerade auch dann, wenn Ihnen bei Ihrer Arbeit Fehler unterlaufen. Denn nun haben Sie zwei Möglichkeiten: Sie können sich über Ihre Fehler schier schwarzärgern oder aber versuchen, Ihre Fehler positiv zu sehen und daraus zu lernen, was Sie beim nächsten Mal besser machen können. Und auch wenn Sie mit einem gewissen Hang zum katastrophierenden Denken vielleicht zunächst davon ausgehen, dass ein Fehler das Schlimmste ist, was Ihnen überhaupt passieren kann, so können Sie Fehlern immer auch etwas Positives abgewinnen. Denn was sind Fehler anderes als Erfahrungen und was sind Erfahrungen anderes als die Summe der Dummheiten, die man im Bedarfsfall wieder anwendet – um es mit dem Kabarettisten Dieter Hildebrandt zu halten?

Ein etwas humoristischer Blick schadet also nicht, wenn Sie die folgende Übung anwenden: Zeichnen Sie auf ein Blatt drei Spalten (Sie können das Blatt auch knicken). In Spalte 1 schreiben Sie auf, welchen Fehler Sie sich geleistet haben. In der mittleren Spalte notieren Sie nun, wie Sie sich verhalten oder gefühlt haben, als Sie den Fehler bemerkten. Diese Übersicht bekommt außer Ihnen niemand zu sehen – beschreiben Sie Ihre Gefühle also so ehrlich und genau wie möglich. Vermerken Sie genau, was Sie denken und in welchen Worten Sie diese Gedanken ausdrücken. Wenn Sie dann noch einmal auf Ihre Tabelle schauen, stellen Sie vielleicht fest, dass Sie als eingefleischter Perfektionist im ersten Moment dazu tendieren, sich auch vor sich selbst für den Fehler zu rechtfertigen: Stehen da Sätze wie „Ja, aber ich habe doch …“ oder „Eigentlich habe ich schon …“ oder „Ich weiß gar nicht, was ich besser machen könnte, aber vielleicht …“? In diesen Sätzen finden Sie meist schon, was Sie aus Ihrem Fehler lernen und in Zukunft besser machen können.

Und genau diese Absichten, in Zukunft etwas besser zu machen, sollten Sie in die dritte Spalte der Tabelle eintragen. Wenn Sie mit Ihrer Übersicht fertig sind, enthält diese letzte Spalte ganz konkrete Handlungsvorgaben für die Zukunft. Die ersten beiden Spalten brauchen Sie nun nicht mehr, denn Sie wollen sich ja nicht weiter über Ihre Fehler ärgern – oder? Trennen Sie Spalte 1 und 2 daher vom Blatt ab und werfen Sie sie weg. Spalte 3 sollten Sie jedoch irgendwo in Sichtweite aufheben, damit Sie sich immer daran erinnern, was Sie verbessern wollen. Nur: Seien Sie nicht zu streng mit sich, wenn Sie Ihre Vorgaben nicht immer gleich umsetzen können.

z.B.

Die Fehler-Tabelle von Paul

Diesen Fehler habe ich gemacht	**Das habe ich gedacht, gefühlt oder getan**	**Das kann ich beim nächsten Mal besser machen**
Ich habe Fehler in der Software übersehen.	**Ja**, das war Mist und der Kunde ist zu Recht sauer – **aber ich war müde und überlastet, da kommt so was vor …**	Ich werde beim nächsten Mal mit mehr Ruhe an die Arbeit gehen.
Ich habe mit meiner Software das ganze System des Kunden zum Absturz gebracht.	**Eigentlich habe ich mir solche Mühe gegeben**, alles richtig zu machen und mich dabei völlig überarbeitet …	Beim nächsten Mal werde ich nicht ganz so perfektionistisch und detailversessen sein, damit ich weniger Stress habe.
Ich habe nicht mit den Besonderheiten des fremden Systems gerechnet.	Wenn mir das der Kunde nicht sagt, kann ich das auch nicht wissen – **aber, na gut, vielleicht hätte ich fragen können.**	Beim nächsten Mal frage ich einen Kunden vorher nach Besonderheiten in seinem System.

Fehler als Karrierekiller

Leider ist gerade im Berufsalltag ein Fehler oft nicht nur ein Problem Ihrer persönlichen Befindlichkeit: Wenn Sie Verantwortung tragen, sind von Ihren Fehlern nicht nur Sie selbst, sondern auch andere betroffen. Und gravierende Patzer können sich negativ auf die Karriere auswirken. Doch es muss nicht sein, dass Fehler zum Karrierekiller werden: Wenn Sie konstruktiv mit Fehlern umgehen, können Sie auch andere überzeugen.

Lügen haben kurze Beine

Fehler alleine sind schon nicht schön. Noch unschöner wird es, wenn andere den Fehler auch noch bemerken. Denn vielleicht haben Sie auch den einen oder anderen liebenswerten Kollegen, der nur darauf zu warten scheint, jedes kleine Missgeschick von Ihnen sofort dem Chef zu melden oder Sie öffentlich bloßzustellen. Bei schwerwiegenden Fehlern drohen zudem Abmahnungen bis hin zur Entlassung, grob fahrlässige oder vorsätzliche Fehler können im Extremfall sogar juristische Konsequenzen und Schadensersatzforderungen nach sich ziehen. Kein Wunder, dass viele Menschen versuchen, Fehler zu verschweigen, zu kaschieren oder gar anderen in die Schuhe zu schieben. Viele Menschen sind in solchen Situationen nicht gerade kollegial.

Das aber ist ein großer Fehler! Und das nicht nur, weil es von Charakterstärke zeugt, zu seinen Fehlern zu stehen und nicht gerade nett ist, andere dafür büßen zu lassen – als Perfektionist mit gewissen moralischen Ansprüchen werden Sie hier sicher zustimmen. Nein, vor allem schadet Heuchelei Ihnen selbst. Denn Sie blamieren sich erst recht, wenn Ihr Fehler hinterher herauskommt.

Tipp

Wenn Sie einen Fehler vertuscht haben oder andere Sie bei einem Fehler ertappt haben: Bleiben Sie ruhig und versuchen Sie keine dummen Ausreden. Besser sind gute Argumente, die Ihre Konstruktivität zeigen: „Darauf wollte ich gerade zu sprechen kommen, ich arbeite auch bereits an einer Lösung des Problems und wollte Ihnen diese gleich mit präsentieren.“

Schauen wir uns das Beispiel von Alice an, die als Sekretärin im letzten Jahr einige Kunden ihres Chefs zu einem vorweihnachtlichen Geschäftsessen einladen sollte. Der Tisch war bestellt, alle Kunden hatten zugesagt – da fiel ihr ein, dass sie jemanden vergessen hatte. Was tun? Sie entschloss sich zu schweigen, denn wenn der Kunde nicht wüsste, dass er vergessen worden war, konnte er sich auch nicht darüber ärgern. Ihrem Chef erzählte sie, der Kunde habe abgesagt. Leider erfuhr dieser nachträglich von dem Essen und fragte bei ihrem Chef nach. Der fand den eigentlichen Fehler nicht schlimm, war aber enttäuscht, dass Alice ihn angelogen hatte: „Beim nächsten Mal versetze ich Sie in eine andere Abteilung“, drohte er. „Hätte ich den Kunden doch nur angerufen und noch eingeladen“, ärgerte sich Alice und nahm sich vor, zukünftig keine Fehler mehr zu verschweigen.

To do

Wenn Sie einen Fehler gemacht haben: Rechtfertigen Sie sich nicht! Und versuchen Sie ruhig zu bleiben. Denn durch nervöses Gestammel, Selbstmitleid und Entschuldigungen signalisieren Sie Ihrem Gegenüber nur Schwäche. Geben Sie den Fehler besser direkt und unumwunden zu. „Es tut mir leid, aber mir ist dieses Missgeschick passiert ..." Fischen Sie nicht nach Ausreden und versuchen Sie nicht, den Fehler auf jemand anderes abzuwälzen. Chefs und Kollegen respektieren Menschen, die zu ihren Fehlern stehen, viel mehr als rückgratlose „Heuchler". Ehrlichkeit kann dabei manchmal sehr entwaffnend sein. Und: Man tritt auf niemanden, der schon am Boden liegt!

Auch Alice hat aus ihrer Erfahrung gelernt. Als sie die vertraulichen Unterlagen für ein Angebot versehentlich an ein Konkurrenzunternehmen statt dem Kunden schickt, ist der Schock groß. Denn nun kann die Konkurrenz das eigene Angebot nochmals unterbieten. Doch sie beichtet den Fehler sofort ihrem Chef und macht den Vorschlag, das Angebot nochmals zu korrigieren. Der Chef ist ungehalten, zeigt sich aber dann erfreut über die Offenheit: „Das ist natürlich dumm gelaufen, aber wir haben ja dank Ihrer schnellen Reaktion zum Glück noch etwas Zeit, das Angebot nochmals durchzukalkulieren und nach unten zu korrigieren." Am Ende erweist sich der Fehler als Glücksfall: Die Firma erhält den Zuschlag, und der Kunde vertraut Alices Chef an, dass das Angebot der Konkurrenz viel zu hoch gewesen sei. Der Chef gibt zu: „Ohne Ihren Fehler hätten wir die zusätzlichen Einsparpotenziale nicht entdeckt und wären mit dem viel zu teueren Angebot abgelehnt worden."

Fehlerkultur – mehr als eine hohle Phrase?

Möglich ist ein solch produktives Fehlermanagement allerdings nur, wenn in Ihrer Firma auch eine entsprechende Fehlerkultur herrscht. Denn davon hängt es ab, wie offen Mitarbeiter mit ihren Fehlern umgehen.

Der positive Umgang mit Fehlern ist in Deutschland leider alles andere als selbstverständlich: Zwar gibt es in vielen Unternehmen eine Art betriebliches Vorschlagwesen, bei dem Mitarbeiter Ideen einreichen können, die auch häufig zur Beseitigung von Fehlern führen – doch noch öfter verhallen die Vorschläge ungehört und werden von den zuständigen Vorgesetzten ignoriert. Repräsentative Untersuchungen zeigen, dass die Deutschen unter 61 Staaten auf dem vorletzten

Platz liegen, wenn es um den konstruktiven Umgang mit Fehlern geht. Wer einen Fehler macht, gilt als schwach und steht schnell am Pranger.

Tipp

Schadensbegrenzung ist gefragt: Liefern Sie gleich einen Lösungsvorschlag für das Problem oder zeigen Sie auf, wie der Fehler, den Sie begangen haben, beseitigt werden kann. Entwickeln Sie Ideen, wie ein solcher Fehler für die Zukunft vermieden werden kann, damit es nicht zu Wiederholungen kommt: „Ich habe einen Fehler gemacht. Dabei ist mir klar geworden, dass ich diesen Arbeitsablauf in Zukunft komplett anders gestalten möchte, um weitere Fehler dieser Art zu vermeiden." Eine Schwächenanalyse kombiniert mit einer Lösungsstrategie zeigt Ihren Einfallsreichtum – und dass Sie bereit sind, zu lernen.

Japanische Unternehmen wie Toyota zeigen mit ihrer Kaizen-Methode, wie man es besser machen kann: Hier geht es nie zuerst um die Frage, *wer* einen Fehler zu verantworten hat, sondern analysiert wird immer zuerst, *wie* dieser Fehler zustande kam und wie man ihn schnell und dauerhaft beseitigen kann. Die Produktion gilt bei Toyota daher nicht als untergeordneter Bereich, sondern als letzte und wichtigste Instanz der Qualitätskontrolle. Denn ein Problem in der Produktion lässt sich nicht am Schreibtisch drei Stockwerke höher lösen. Tritt ein Problem auf, kann jeder Mitarbeiter jederzeit den Produktionsablauf stoppen und einen Verbesserungsvorschlag einbringen. Dann setzen sich Mitarbeiter, Produktionsleiter und Ingenieure oder Logistiker vor Ort zusammen und arbeiten einen Katalog von Fragen ab: Warum ist das passiert? Könnte sich das Problem in anderen Teilen der Produktion wiederholen? Wie stellen wir sicher, dass es nicht wieder auftritt? Das Ziel ist dabei nicht der gewaltige Innovationssprung, sondern eine ruhige, kontinuierliche, in kleinen Schritten stattfindende Verbesserung, über die alle Beteiligten – Mitarbeiter, Vorgesetzte und Kunden – sich ständig austauschen. Jeder weiß, dass er die anderen für diesen Prozess braucht und dass der Weg zum Ziel manchmal auch über Um- und Abwege führt.

„Schön", werden Sie sagen: „In unserem Unternehmen existiert eine solche Fehlerkultur nicht. Und nun?" Nun können Sie selbst anfangen, die Fehlerkultur in Ihrem Unternehmen in kleinen Schritten zu verbessern. Denn auch Sie profitieren davon, wenn offener mit Fehlern umgegangen wird. Fangen Sie selbst an, freier über Fehler reden. Und gleichzeitig demonstrieren Sie, was Sie aus Ihren Fehlern gelernt haben und besser machen. Damit machen Sie aus dem negativen Fehler ein für alle sichtbares, positives Ergebnis.

STOP

Auch wenn es eigentlich Chefsache ist, mit den Mitarbeitern über Fehler zu sprechen: Wenn Sie bei Kollegen Fehler bemerken, sollten Sie ihn nicht gleich beim Vorgesetzten anschwärzen oder wegsehen. Vielmehr sollten Sie kollegiale Hilfe anbieten. Wichtig ist allerdings, dass Sie dabei nicht rechthaberisch oder von oben herab klingen und Vorwürfe vermeiden, etwa: „Wie konnte das passieren?“, „Warum haben Sie das gemacht?“, „Weshalb haben Sie nicht besser aufgepasst?“ oder „Wissen Sie, welche Katastrophe das für uns ist?“. Bleiben Sie besser freundlich, kollegial und sachlich: „Ich glaube, da ist Ihnen ein Versehen passiert …“ Damit eröffnen Sie dem Kollegen die Gelegenheit, seinen Fehler selbst zu korrigieren.

Zeigen Sie Ihren Kollegen Ihre Bereitschaft, mit ihnen gemeinsam an der Lösung des Problems zu arbeiten, etwa indem Sie fragen: „Was können *wir* tun, um den Schaden zu beheben?“, „Wie können *wir* diese Auswirkung verhindern?“ oder „Was denken Sie, wie können *wir* solche Fehler zukünftig verhindern?“ Wenn ein Kollege offen zu seinem Fehler steht: Zeigen Sie ihm und anderen dafür Ihre Achtung. Denn das ermutigt auch andere, es ebenso zu machen. Wenn Sie hingegen miterleben, wie ein Kollege wegen eines Fehlers an den Pranger gestellt wird, verwehren Sie sich entschieden dagegen: „Diese Herangehensweise bringt uns nicht weiter. Suchen wir lieber nach den Ursachen des Versehens.“ Damit tragen Sie zu einer angstfreien Arbeitsatmosphäre bei.

Passieren die Fehler nach einem bestimmten Muster? Falls ja: Wie sieht dieses Muster aus? Was ist daraus zu lernen? Diskutieren Sie mit Kollegen und Vorgesetzten über Verbesserungsvorschläge. Führen Sie sachliche Argumente an, warum auch die anderen etwas von der Verbesserung haben. Regen Sie eine Plattform an, die allen Kollegen die Möglichkeit gibt, Fehler aufzuzeigen und Dinge zu verbessern. Das kann im hauseigenen Intranet sein oder aber auf einem regelmäßigen Treffen; das aber darf nicht zur Selbstanklageshow werden, sondern sollte in einer vertrauensvollen Atmosphäre stattfinden.

Tipp

Wenn Ihre Vorschläge nicht gehört werden oder Sie fürchten, andere nur zu verärgern: Wählen Sie eine indirekte Methode. Suchen Sie sich Verbündete im Unternehmen, wenn der eigene Vorgesetzte die Veränderung blockiert, und bilden Sie Netzwerke, z.B. auch mit anderen Abteilungen. Veränderungsprozesse brauchen Zeit!

Alice kommt es sicherlich auch zugute, dass sie in ihrem Unternehmen und bei ihrem Chef ein hohes Ansehen genießt. Sie leistet viel, hat zu vielen Mitarbeitern einen guten Draht und nimmt ihrem Chef so manche Entscheidung ab, eben weil sie Fehler nicht mehr ängstlich und um jeden Preis vermeiden will. Auf eine solche Mitarbeiterin will ihr Chef nicht verzichten. Eines Tages bekommt sie mit, dass ein anderer, noch junger und unerfahrener Kollege wegen weitaus geringerer Vorkommnisse entlassen werden soll. Die Begründung des Chefs: Seine Arbeit bringt nicht die erforderlichen Ergebnisse. Alice setzt sich für den Kollegen ein. Gleichzeitig ermutigt sie ihn in der Mittagspause und macht ihm klar, dass er bei seiner Arbeit ruhig einmal etwas riskieren darf und neue Ideen ausprobieren soll. Denn davon lebt schließlich die Innovationskraft des Unternehmens.

Erwischt – und jetzt?

„Alles ganz toll", sagen Sie vielleicht. „Doch leider wird heutzutage im Job eben viel erwartet, und es ist selbstverständlich, ständig kritisiert zu werden. Daher ist es kein Wunder, dass ich versuche, so wenig Kritikpunkte wie möglich zu bieten, indem ich möglichst perfekt bin. Ich will schließlich nicht erwischt werden, wenn ich einen Fehler mache!" Nach allem, was Sie bis jetzt darüber gelesen haben, wie wenig Erfolg versprechend das Vermeiden von Fehlern ist, sollten Sie wissen, dass Sie mit dieser Taktik nicht weiterkommen werden.

Anfällig für Kritik

Eines sollte Ihnen klar sein: Als Perfektionist haben Sie ja ohnehin schon einen gewissen Hang zum Selbstzweifel. Die Kritik von Chefs oder den lieben Kollegen trifft Sie also viel härter als Menschen mit einem gesunden Selbstbewusstsein. Und nicht selten kommt es vor, dass Sie sich bei Kritik anderer geradezu ertappt fühlen – gerade weil Sie selbst sich insgeheim schon selbst für die Sache kritisiert haben – oder?

z.B.

Kritik kann Sie kaum treffen, wenn Sie ganz und gar zu sich stehen. Wenn Sie das entsprechend schlagfertig demonstrieren, können Sie die Kritik ins Leere laufen lassen: Ein Kollege beleidigt Sie etwa in der Weise: „Sie haben ja keine Ahnung, Sie haben ja nicht mal Ihr Studium abgeschlossen!" – Antworten Sie: „Das sehen Sie richtig", „Das haben Sie gut beobachtet" oder „Daran werden Sie sich gewöhnen müssen." Und wenn es Ihnen egal ist, was die anderen denken, können Sie auf den Vorwurf „Das können Sie so nicht machen ..." schlicht antworten: „Doch, das kann ich!"

Die anderen haben immer recht?

Das Hauptproblem vieler Perfektionisten, die mit Selbstzweifeln und zu hohen Ansprüchen an sich selbst kämpfen, ist, dass sie dazu tendieren, ihren Kritikern vorbehaltlos zu glauben. Wie Isabel, die zu einem wichtigen Vorstellungsgespräch geladen war.

Als Perfektionistin hat sie sich akribisch darauf vorbereitet. Sie hat Informationen zur Firma eingeholt, Fakten recherchiert, Formulierungen überlegt und sich extra ein neues Kostüm gekauft. Alles soll hundertprozentig sein. Doch trotz ihrer Vorbereitung ist sie unsicher. In der Stellenausschreibung waren gute Sprachkenntnisse in Englisch und Französisch erwünscht. Isabel weiß: Ihr Englisch ist hervorragend, aber ihr Französisch ist ein wenig eingerostet – ihr wunder Punkt sozusagen. Daher hat sie extra einige französische Standardsätze geübt, mit denen sie ihre Fähigkeiten unter Beweis stellen möchte. Das Gespräch läuft gut, der Personaler ist begeistert von ihren Englischkenntnissen, und Isabel will schon erleichtert aufatmen – da hört sie plötzlich: „Da Sie ja sogar einen französischen Vornamen haben, können Sie bestimmt ebenso gut Französisch. Erzählen Sie mir doch einmal etwas über ihren letzten Urlaub in Frankreich." Der Personaler nickt ihr freundlich zu, doch Isabel fühlt sich ertappt: „Über den Urlaub reden" hat sie nicht geübt, sie hat sich mehr auf berufliche Themen konzentriert. Alles, was sie jemals über französische Grammatik wusste, scheint wie weggeblasen, mühsam stottert sie etwas vor sich hin. „Na, Sie werden doch noch ein paar einfache Sätze hinbekommen, schließlich haben Sie doch sechs Jahre lang Französisch gelernt", zeigt sich der Personaler erstaunt.

Isabel ist sauer auf sich selbst: Nicht nur, dass sie versagt hat, nun steht sie auch noch wie jemand da, der über seine Fähigkeiten gelogen hat. „Du könntest vielleicht einen Fränzösischkurs in Frankreich belegen, damit so etwas nicht noch einmal passiert", meint ihr Freund liebevoll ein paar Tage später. Isabel flippt völlig aus: „Wie kannst du mir so in den Rücken fallen? Ich *kann* Französich. Darüber diskutiere ich nicht mehr!" Am Ende erfährt sie, dass eine Bekannte von ihr die Stelle bekommen hat, deren Französischkenntnisse sehr begrenzt sind. Die verrät Isabel ihr Erfolgsgeheimnis: „Ich habe einfach irgendwas gelabert, was gut klingt. Das ist nicht aufgefallen, denn der Personaler konnte auch kaum Französisch." Hätte der Personalchef Isabels Englischkenntnisse kritisiert, wäre Sie davon wahrscheinlich kaum berührt gewesen. „Aber woher wusste er nur, dass ausgerechnet Französisch meine Schwachstelle ist? Und warum bin ich in diesem Punkt nicht einfach selbstbewusster?"

STOP

Mitunter ist Kritik berechtigt, etwa, wenn Sie wirklich einen Fehler gemacht haben. Oder wenn Sie die Kritik nicht zurückweisen können, weil der Kritiker Ihr Vorgesetzter ist: Stehen Sie dann unumwunden zu Ihrem Fehler: „Ich verstehe, dass Sie sauer sind. Ich werde mich sofort um das Problem kümmern." Versuchen Sie erst gar nicht, sich irgendwie aus der Affäre zu ziehen – damit schaden Sie sich nur selbst. Zeigen Sie lieber, dass Sie konstruktiv mit Ihrem Fehler umgehen.

Mehr Selbstbewusstsein, bitte!

Vermutlich geht es Ihnen ähnlich: Es gibt Situationen, in denen Sie mit Kritik gut fertig werden, einfach, weil Sie sich sicher und unangreifbar fühlen. Manchmal fühlen Sie sich vielleicht sogar so sicher, dass Sie die Kritik gar nicht bemerken. Daher sind Ihnen diese Momente möglicherweise gar nicht bewusst. Und es gibt Situationen, in denen jemand Ihren wunden Punkt berührt und Sie sich angegriffen fühlen, auch wenn Sie vielleicht niemand kritisieren wollte.

Der Personaler beispielsweise wollte Isabel eine gute Vorlage liefern, ihre Fähigkeiten zu zeigen. Als Perfektionistin wollte sich Isabel hingegen rigide an ihre eingeübten französischen Sätze halten, um alles im Griff zu haben; dass sie plötzlich spontan und völlig ungeplant reagieren sollte, war für Isabel ein derartiges Problem, dass sie einen Blackout bekam. Aber mehr noch: Isabel glaubte, der Personaler habe sie mit Absicht aufs Glatteis führen wollen, indem er überhaupt auf ihre Französischkenntnisse zu sprechen kam und sie etwas absurd Einfaches gefragt hatte. Ihre Bekannte hingegen hatte ihrer Ansicht nach frech gehandelt.

Tipp

Schlagfertigkeit ist nicht jedermanns Sache. Vielleicht ist eine „freche" Antwort auf Kritik auch nicht immer angebracht. Dann bleiben Sie ganz sachlich. Rechtfertigen Sie sich nicht, damit würden Sie sich nur in eine Opferrolle begeben. Bleiben Sie ruhig und sagen Sie so gelassen wie möglich: „Das sehe ich anders. Ich würde gerne meine Sicht des Sachverhalts darstellen."

Eine absolute Übertreibung

Leider sind wir nicht immer gleich selbstbewusst. Und jeder Mensch reagiert anders auf Kritik. Das hängt damit zusammen, dass jeder von uns bestimmte verletzende Erfahrungen mit sich herumträgt. Deshalb liegen diese verletzlichen Punkte bei jedem von uns an einer anderen Stelle. Wenn ein Kritiker nun diese wunden Punkte trifft, reagiert so gut wie jeder empfindlich. Doch auch wenn es für niemanden schön ist, kritisiert zu werden – viele Perfektionisten machen es sich zusätzlich unnötig schwer. Denn oft sind sie nicht einmal durch den Inhalt einer Kritik verletzt, sondern darüber, dass *überhaupt* etwas Negatives gesagt wurde: Schließlich wollen sie perfekt sein. Wenn sie dennoch einen Fehler machen, kommt das für sie in typisch-perfektionistischer Alles-oder-Nichts-Denkweise einer absoluten Katastrophe gleich.

Perfektionisten wie Isabel nehmen Kritik darüber hinaus nicht nur einfach an, sondern verknüpfen sie auch noch direkt mit ihrer Person. Der Personaler hat sachlich festgestellt, dass Isabel doch nach sechs Jahren Französischunterricht mehr herausbringen müsse. Dass er auf ihre Bewerbung verweist, gibt ihr einen empfindlichen Stich: Offenbar glaubt er ihren Angaben nicht. Das ist für Isabel, als hätte er sie als Lügnerin bezeichnet. Und plötzlich wird ihr innerer Kritiker aktiv, als hätte er nur auf die Bestätigung von außen gewartet, und Isabel beginnt selbst zu glauben, sie habe den Personaler arglistig täuschen wollen und dass sie es verdient habe, den Job nicht zu bekommen. Als ihr Freund Isabel freundlich vorschlägt, einen Französischkurs zu machen, ist das für Isabel eine versteckte Kritik an ihren Sprachkenntnissen. In beiden Fällen hat Isabel mehr in die Äußerungen hineininterpretiert, als tatsächlich gesagt wurde.

STOP

Allerdings kommt es auch vor, dass Kritik tatsächlich versteckt und sehr indirekt geäußert wird: „Gute Idee – aber noch nicht so gut, dass Sie es mir nicht hätten zeigen können, bevor Sie es präsentieren!" Dadurch, dass Sie die Abstimmung mit Ihrem Chef vermeiden, laufen Sie Gefahr, mögliche Kritik einfach zu übergehen – das kann bei bestimmten Chefs ein Problem werden. Die Kunst besteht darin, zwischen echter und eingebildeter Kritik zu unterscheiden. Gehen Sie gezielt auch auf indirekte Kritik ein: „Tut mir leid, das war keine Absicht. Wie können wir das beim nächsten Mal besser abstimmen?"

Wie Sie Kritik weniger persönlich nehmen

Überlegen Sie einen Moment: Vielleicht geht es Ihnen auch gelegentlich so wie Isabel? Sie hören einen Satz, vermuten dahinter Kritik und reagieren entsprechend beleidigt oder gereizt – einfach, weil Sie Perfektionist sind. Derjenige, der das gesagt hat, versteht die Welt nicht mehr. Oder eine Kollege sagt: „Der Chef war heute aber ungehalten", und Sie denken sofort: „Oh, Gott, habe ich etwa etwas gemacht?", weil Sie diese Bemerkung sofort auf sich beziehen oder weil eine Äußerung Ihren wunden Punkt trifft. Meist läuft dieses Denkschema automatisch ab. Doch Sie können dagegen etwas tun, indem Sie sich genauer bewusst machen, was Sie denken.

To do

Sobald Sie sich von einer Aussage getroffen fühlen, sollten Sie einen Moment innehalten, sachlich nachdenken und sich langsam einige Fragen beantworten: Was denke ich gerade? Welche Bedeutung messe ich diesen Worten oder Handlungen bei? Woher weiß ich, dass ich richtig vermute? Was genau wurde gesagt? Welcher Wortlaut wurde verwendet? War das wirklich eine Kritik an mir oder eine Forderung? Oder interpretiere ich diese Aussage nur als Forderung oder Kritik?

Fragen Sie sich, ob es auch eine andere Erklärung für diese Aussage geben könnte. Dabei geht es nicht darum, dass Sie sich wirklich hieb- und stichfest beweisen, dass Sie mit Ihrer Annahme, Sie würden kritisiert, danebenliegen. Vielmehr sollen Sie die Möglichkeit in Betracht ziehen, dass es auch noch andere Gründe geben könnte.

z.B.

- Meint mein Freund wirklich, dass ich kein Französisch kann oder will er nur selbst Urlaub in Frankreich machen?
- Glaubt der Personaler wirklich, ich hätte ihn angelogen?
- Ist mein Chef wirklich meinetwegen schlecht gelaunt oder hat mein Kollege einfach nur Angst, weil *er* einen Fehler gemacht hat?

Richtig reagieren

Es ist natürlich schön, wenn Sie wissen, wie Sie für sich selbst mit der Kritik umgehen können, wenn Sie diese einordnen und bewerten können. Das allein reicht jedoch nicht immer, gerade im Berufsalltag nicht. Denn sonst stehen Sie schnell als Schwächling da. Denn im Berufsalltag kommt es immer auch darauf an, wie Sie sich verkaufen und vor anderen darstellen.

Wie jedoch zeigen Sie einem Kritiker, dass Sie seine Meinung nicht teilen, ohne Ihre Verletzlichkeit zu zeigen? Die beste Methode ist die schlagfertige oder rhetorisch geschickte Entgegnung, mit der Sie aus so mancher Kritik oder Forderung eines Kollegen noch einen Imagegewinn für sich herausholen können. Probieren Sie es aus: Sie werden überrascht sein, wie wenig Sie wirklich schlucken müssen und wie offensiv Sie mit Kritik und Forderungen anderer umgehen können.

Kritik hinterfragen

Warum aber können Perfektionisten ungerechtfertigte Kritik nicht einfach abblocken oder zumindest hinterfragen? Die Antwort: Sie haben es nicht gelernt. Blicken Sie einmal auf Ihre eigene Kindheit zurück. Uns allen wird früh beigebracht, Kritik einfach hinzunehmen. Die Absicht dahinter ist, uns die Regeln und Normen nahezubringen, die wir einhalten müssen, wenn wir in der Gesellschaft zurechtkommen wollen. Doch werden uns manchmal die falschen Informationen vermittelt.

Isabel beispielsweise hatte im Französischunterricht Probleme mit der Aussprache. Eine einfache, sachliche Kritik ihrer Lehrerin wäre gewesen: „Deine Aussprache ist schlecht, übe das bitte zu Hause." Stattdessen verband die Lehrerin die Kritik mit einer Wertung: „Wenn du dir nicht endlich Mühe gibst, deine Aussprache zu verbessern, wirst du nie Französisch lernen. Und wenn du kein Französisch kannst, wirst du es nicht weit bringen."

Die Absicht der Lehrerin war es sicher, Isabel zu mehr Leistung anzuspornen. Isabel jedoch ist seitdem überzeugt, im Leben zu versagen, wenn sie nicht perfekt Französisch lernt. Tatsächlich hatte Isabel das anfänglich auch angezweifelt: „Warum brauche ich denn unbedingt Französisch", hatte sie ihre Lehrerin gefragt und zur Antwort bekommen: „Weil ich es sage, darum!" Und als sie ihre Eltern fragte: „Ist Französisch denn wirklich so wichtig im Leben?", manifestierten diese die Auffassung noch: „Wenn deine Lehrerin es sagt, wird es schon so sein!" Und so hat Isabel gelernt, Kritik nicht infrage zu stellen.

Das aber ist die falsche Reaktion. Denn selbst wenn Sie nach eingehender Überlegung zu dem Schluss gekommen sind, dass Sie tatsächlich kritisiert wurden, heißt das noch lange nicht, dass Sie die Kritik einfach so hinnehmen müssen. Besser ist es, die Kritik zunächst zu filtern und zu bewerten, bevor Sie sie ernst nehmen.

To do

> Fragen Sie sich bei jeder Kritik: Wer hat das gesagt? Ist derjenige kompetent auf diesem Gebiet? Ist seine Meinung wichtig für mich?

Ist die Meinung des Personalers wirklich wichtig für Isabels weiteren Lebensweg? Ist Isabels Freund kompetent genug, ihre Französischkenntnisse zu beurteilen? Beide Fragen kann Isabel vermutlich mit einem klaren „Nein“ beantworten. Ihre Antwort auf die Frage „Wer hat das gesagt“ lautet also: „Niemand, auf dessen Meinung ich Wert legen muss!“

Wenn Sie beim Nachdenken über eine Kritik zu diesem Schluss kommen, können Sie die Aussage bedenkenlos vom Tisch wischen: Sie brauchen nicht weiter darüber nachzudenken. Wenn die Aussage des anderen es nicht wert ist, dass Sie ihr Gehör schenken: Ignorieren Sie die Kritik einfach. Auch wenn Sie glauben, Sie müssten reagieren oder wenn der andere seine Kritik laut vorbringt und ihr sogar Nachdruck verleiht: Lassen Sie sich auf keine Diskussion ein – auch wenn der andere sich ärgert. Das können Sie auch ganz bewusst machen: Verstehen Sie die Kritik absichtlich nicht. Wenn Sie etwas nicht verstehen (wollen), gerät Ihr Gegner in Erklärungszwang. Und auf jede Erklärung reagieren Sie erneut verständnislos. Oder bitten Sie um eine Erklärung: „Sie sind ja inkompetent!“ – „Definieren Sie Inkompetenz!“

STOP

> Machen Sie nicht den Fehler, nur von einer Meinung auf die Meinung aller anderen zu schließen. Holen Sie stattdessen noch andere Meinungen ein.

Manche Kritik mag von einer kompetenten Person stammen, ist aber nicht hilfreich. Isabel zum Beispiel ist etwas unsicher, ob sie der Kritik ihres Freundes glauben schenken soll. Zudem ist ihr eine Aussage wie „Deine Französischkenntnisse sind schlecht“ zu pauschal. Daher befragt sie eine französische Freundin, die ihr ein viel differenzierteres Urteil gibt: „Du könntest noch an deinen Grammatikkenntnissen arbeiten, das kannst du jedoch auch ohne Kurs erreichen. Deine Aussprache ist jedoch sehr gut.“ Isabel ist der Freundin für diese hilfreiche Kritik sogar dankbar, denn nun weiß sie konkret, was sie verbessern kann. Die wenig hilfreiche Kritik ihres Freundes kann sie hingegen getrost überhören und muss sich nicht weiter damit beschäftigen.

Achten Sie einmal darauf, wie oft Kritik pauschal geäußert wird. Kennzeichen solcher Verallgemeinerungen sind so kleine und unscheinbare Worte wie „nie“, „immer“ oder „alles“. Sie werden bald feststellen: Solche pauschalisierenden Äußerungen sind in der Regel wenig hilfreich, weil sie Ihnen nicht aufzeigen, was Sie besser machen können. Tatsächlich zielen diese Bemerkungen viel häufiger darauf ab, die Kritik unnötigerweise zu übertreiben und ihre Wirkung noch zu verstärken – wer immer Sie so kritisiert, will seiner Kritik noch zusätzliches Gewicht verleihen. Wenn Sie sich dessen bewusst sind, brauchen Sie nicht mehr beleidigt zu sein, sondern können aktiv darauf reagieren.

z.B.

Ein typisches Muster: Der Chef kritisiert, indem er eine einzelne Verhaltensweise als typisch für die ganze Person hinstellt, etwa: „Sie hören nie zu, wenn ich etwas erkläre.“ Der Angegriffene wird als ganze Person abgewertet. Da hilft es nur, die Pauschalisierung, die ja an sich schon eine Übertreibung ist, deutlich ins Absurde zu treiben: „Ja, ich bin stocktaub und beantrage gerade einen Behindertenausweis.“ „Dass Sie immer so langsam arbeiten müssen!“ – „Ja, ich trainiere für ein Schneckenrennen.“ Oder: „Sie glauben auch alles, was auf dem Flur getratscht wird.“ – „Ja, ich glaube sogar noch an den Klapperstorch.“ Oder: Heben Sie die Information der Aussage hervor, bedanken Sie sich – und stimmen Sie zu: „Sie sind ja nicht teamfähig.“ – „Danke für den Hinweis. Das hat mir schon einmal jemand gesagt.“ Oder: „Wenn Sie mir damit sagen wollen, dass ich meine Meinung vertrete, dann stimme ich Ihnen zu.“

Manchmal ist die Kritik zwar berechtigt, Ihr Kritiker vergreift sich aber im Tonfall, etwa, indem er Sie beleidigt – und das trifft Sie dann erst recht. Stellen Sie sich einmal Ihren Chef vor, der zu Ihnen sagt: „Es passt mir nicht, wie Sie das machen. Nur ein Idiot würde das so machen!“ Sie geben der Kritik an sich vielleicht recht, wenn Sie wirklich einsehen, dass Sie etwas falsch gemacht haben, aber gleichzeitig sind Sie gekränkt über die Unsachlichkeit der Bemerkung. Sie können Kritik in einem solchen Fall gleichzeitig annehmen und zurückweisen: „Gut, ich sehe ein, dass Ihre Art, das zu machen, besser ist.“ Damit haben Sie dem Chef in der Sache selbst recht gegeben, aber gleichzeitig klargemacht, dass Sie nicht seine unsachliche Meinung akzeptieren, ein Idiot zu sein.

Druck, der keiner ist

Einige Perfektionisten sind aber nicht nur gegenüber Kritik empfindlich, sie haben auch ein Problem mit Druck, den andere auf sie ausüben oder auszuüben scheinen. Und sie haben eine ganz eigene Methode entwickelt, sich dagegen zu wehren.

Die beste Art, sich die Freude an der Arbeit zu verderben

Ein Beispiel ist Michael, der in seinem Traumberuf als selbstständiger Grafiker arbeitet. Sein aktueller Auftrag liegt ihm besonders am Herzen und voller Enthusiasmus macht er sich an die Entwürfe. Die Zusammenarbeit mit dem Kunden erweist sich jedoch als schwierig: Jeden zweiten Tag schneit dieser mit neuen Ideen in Michaels Büro und will diese sofort in den Auftrag eingearbeitet sehen. Michael schafft es nicht, Nein zu sagen, obwohl der Arbeitsaufwand für diesen Auftrag den abgesprochenen Zeitaufwand bei Weitem übersteigt. Er setzt also die gewünschten Änderungen um. Innerlich aber kocht er vor Wut, dass der Kunde ihn so unter Druck setzt.

Obwohl er diesen Auftrag unbedingt haben wollte, hat er nun jede Freude daran verloren und zählt die Tage bis zum Abgabetermin. „Ich muss durchhalten, ich darf es mir mit dem Kunden nicht verderben“, zwingt er sich selbst. „Sie wissen ja, es ist sehr wichtig, dass der Auftrag pünktlich fertig wird“, sagt der Kunde beim letzten Gespräch. „Aber klar doch“, sagt Michael und weiß plötzlich, wie er sich rächen kann: Der Auftrag wird zum Abgabetermin nicht fertig. „Ein technisches Problem“, lügt Michael. Der Kunde ist jedoch sehr erbost: „Ich hatte doch extra darauf hingewiesen, wie wichtig die pünktliche Fertigstellung ist. Sie sind ja absolut unfähig. Ich werde Sie für die mir entstandenen Ausfälle haftbar machen.“ Michael wird bewusst, dass er sich mit seinem irrationalen Verhalten selbst mehr geschadet als genutzt hat. Vielleicht hätte er dem Kunden doch einfach sagen können, dass er zu viel verlangt hat?

Tipp

Machen Sie sich klar: Es gibt nur ein ganz klares Nein oder aber ein ganz klares Ja. Und wenn Sie zu einer Forderung Ja sagen, muss das aus vollem Herzen kommen. Sagen Sie noch zusätzlich: „... mach ich gern für dich“ – dann machen Sie es auch viel lieber, weil Sie sich Ihren eigenen Worten verpflichtet fühlen.

Angst vor dem Nein?

Natürlich müssen wir alle in unserem Berufsalltag bestimmte Anforderungen erfüllen. Selbst wenn wir unseren Beruf freiwillig aufgrund persönlicher Vorlieben gewählt haben, können wir nicht immer tun und lassen, was uns Spaß macht. Das ist auch prinzipiell nichts Schlechtes, denn manchmal motiviert uns der Druck sogar – Stichwort positiver Eustress! Perfektionisten wie Michael jedoch haben ein Problem, die Wünsche, Bitten und Forderungen, die andere an sie stellen, abzulehnen. Sie haben Furcht, es sich mit anderen zu verderben, erwarten von sich, stets höflich zu sein oder bestimmte Verhaltensregeln und Normen zu erfüllen – ganz einfach, um perfekt dazustehen. Daher können sie nicht Nein sagen. „Können Sie für mich nicht schnell diese Akte durchsehen?" oder „Haben Sie vielleicht kurz Zeit, mir dieses Computerprogramm zu erklären?" – kommen Ihnen solche Situationen bekannt vor? Und auch wenn Sie keine Zeit hatten, haben Sie vielleicht Ihr Arbeit liegen gelassen und sind der Bitte Ihres Kollegen oder Chefs nachgekommen – nicht, ohne sich hinterher über die verlorene Zeit zu ärgern.

Aber haben Sie keine Angst, jemanden zu verärgern, wenn Sie eine Bitte ablehnen! Andere Menschen akzeptieren offene Absagen viel leichter als dumme Ausreden, die sie ohnehin durchschauen: „Tut mir leid, ich würde es sonst tun, aber ich habe auch heute Abend etwas vor." Eine klare Ansage bringt Ihnen sogar Respekt ein. Deshalb können Sie unliebsame Forderungen auch ganz direkt abweisen. Wenn Ihre Kollegin fragt: „Ich muss heute Abend etwas einkaufen. Könnten Sie nicht ausnahmsweise für mich bis acht Uhr im Büro bleiben?", sagen Sie nicht: „Eigentlich nicht so gern, aber wenn es sein muss …" Sie ärgern sich anschließend nämlich die ganze Zeit über sich selbst. Besser sagen Sie höflich, aber bestimmt „Nein" – ohne Weichmacher wie „eigentlich" oder „ich finde". Seien Sie dabei offen, ehrlich und zeigen Sie keine Unsicherheit. Allerdings: Bleiben Sie auch höflich. Der Ton macht die Musik! Begründen Sie zudem genau, warum Sie Nein sagen – dann sieht der andere, dass Sie nicht nur aus einer Laune heraus handeln: „Nein, ich werde nicht bis acht Uhr dableiben. Mir ist mein Feierabend wichtig. Sie müssen eine andere Lösung finden." Dann haben Sie beim nächsten Mal auch Ihre Ruhe.

Hilfe, der will was von mir!

Einige Perfektionisten haben jedoch nicht nur das Problem, Nein zu sagen. Sie sehen auch Forderungen, wo gar keine sind. Michaels Kunde beispielsweise wollte

Michael gar nicht kontrollieren und unter Druck setzen. Er war selbst so begeistert von dem Projekt, dass er lediglich seine Vorschläge beisteuern wollte. Und er war ernsthaft an Michaels Meinung interessiert: „Lassen Sie es mich bei Gelegenheit wissen, was Sie von meinen Ideen halten“, hatte er gesagt. Doch Michael ist leider einer jener Perfektionisten, die eine subtile Andeutung gleich als eine Forderung ansehen, die unbedingt und sofort erfüllt werden muss.

To do

So sagen Sie „Nein!“

Eine Forderung, die Sie eigentlich ablehnen wollen, aber nicht ablehnen können, können Sie auch geschickt abbiegen, indem Sie einen Ersatz anbieten: „Auf diese Forderung kann ich leider nicht eingehen. Aber als besonderen Service unseres Unternehmens biete ich Ihnen …“

Eine andere Möglichkeit: Erläutern Sie dem anderen das Dilemma, in das Sie seine Forderung bringt. Finden Sie gemeinsam eine Lösung für das Problem: „Wenn ich Ihre Forderung erfülle, gerate ich unter Zeitdruck. Vielleicht könnten wir mein Zeitproblem aber entzerren, indem wir …“

Sie können die Forderung eines anderen auch ablehnen, indem Sie ihn an jemand anderen verweisen: „Ich kann Ihnen nicht helfen. Aber fragen Sie doch mal den Kollegen aus der Abteilung X – der hat so etwas schon einmal gemacht.“

Die eigenen Zwänge

So wird aus der großen Begeisterung für das Projekt allmählich der Zwang, den Auftrag abarbeiten zu müssen. Statt frei zu entscheiden, ob er auf die Wünsche des Kunden eingeht oder nicht, erlegt sich Michael selbst den Zwang auf, sie erfüllen zu müssen. Aus einem „Ich will“ wird der Imperativ „Ich muss!“. Schade. Doch wenn Michael seine Arbeit als etwas wahrnimmt, was ihm von äußeren Kräften diktiert wird, könnte er bald gänzlich die Freude an seinem Traumjob verlieren. Er sollte sich auf seine eigenen Bedürfnisse besinnen und sich vergegenwärtigen, warum er überhaupt in diesem Job arbeitet und warum er sich selbstständig gemacht hat – nämlich, weil er es wollte!

Ursachen

Nicht selten liegen die Ursachen dieser Empfindlichkeit gegenüber Forderungen in der Kindheit. Michaels Mutter beispielsweise war sehr dominant und zwang ihn ständig, Dinge zu tun, die er nicht tun wollte. Er schaffte es einfach nicht, Nein zu sagen und war so sehr damit beschäftigt, auf das Verhalten seiner Mutter zu reagieren und sich von ihr abzugrenzen, dass er sich über seine eigenen Bedürfnisse nicht klar werden konnte. Bis heute hat er nicht wirklich gelernt, darauf zu achten, was er will. Vielen Perfektionisten ist nämlich nicht bewusst, in welche Denkfalle sie tappen – solange sie sich nicht wie Michael selbst im Weg stehen. Im Gegenteil: Menschen, die möglichst keine Fehler machen wollen, fühlen sich eigentlich ganz wohl damit, immer etwas „zu müssen". Denn wenn sie ihre Handlungen als etwas erleben, was ihnen von „äußeren Kräften" diktiert wurde, können sie sich damit aus der Verantwortung ziehen und sich gegen Kritik immun machen.

Damit das Selbstbild keinen Schaden nimmt

Das ist eine recht bequeme Haltung. Denn auch wenn ein solcher Perfektionist etwas falsch macht, nimmt sein Selbstbild auf diese Weise keinen Schaden. Vielmehr kann er sich sagen: „Ich hatte ja keine andere Wahl, ich musste so handeln." Und es gibt noch einen weiteren Vorteil: Perfektionisten, die häufig hohe moralische Ansprüche an sich und andere haben und besonders gewissenhaft erscheinen möchten, haben ein echtes Problem damit, zuzugeben, dass sie etwas nur deshalb tun, weil es ihnen Spaß macht. Es erscheint ihnen ehrenvoller, ihre Pflicht zu tun, statt ihre eigenen Bedürfnisse zu befriedigen. Praktischerweise wird daher einfach der persönliche Wunsch zur allgemeinen Pflicht, der sich unser Perfektionist aufopferungsvoll hingibt.

Manipulatoren am Werk

Aufgepasst: Die hohen Ansprüche, die extreme Kritikfähigkeit und das Pflichtbewusstsein eines Perfektionisten machen sich andere, seien das nun Kunden, Chefs oder Kollegen gern zunutze. Denn nicht immer äußern diese ihre Wünsche und Kritik sachlich, sondern verleihen ihnen besonderen Nachdruck – und das läuft häufig so subtil ab, dass es den Beteiligten selbst gar nicht bewusst wird. Doch tatsächlich wissen viele Menschen genau, wo sie bei Perfektionisten die Knöpfe drücken müssen.

Nur scheinbar nett

Stellen Sie sich einen Chef vor, der Sie ruhig und gelassen um etwas bittet. Und nun stellen Sie sich denselben Chef vor, wie er hektisch und mit lauter Stimme inhaltlich die gleiche Bitte äußert. In welcher Situation springen Sie wohl eher auf und lassen alles stehen und liegen, um der Aufforderung umgehend nachzukommen? Es gibt einige solcher Manipulationsmethoden, die unterschwellig an das schlechte Gewissen, die Hilfsbereitschaft oder die moralischen Ansprüche von Perfektionisten appellieren. Und die haben alle eines gemein: Es wird Ihnen vermutlich erst bei längerem Nachdenken klar, dass es sich dabei um Manipulationsmethoden handelt.

Der Trick mit der Unersetzbarkeit

Der Chef, der Sie hektisch und mit lauter Stimme um die Erledigung eines Gefallens bittet, macht genau das: Er nutzt diese Mittel, um Sie dazu zu bringen, etwas für ihn zu tun. Denn manche Dinge erscheinen nur deshalb besonders dringend, weil der andere sie wichtig erscheinen lassen will, damit Sie seinem Wunsch absolute Priorität einräumen. Eine andere Methode besteht darin, Sie mit Schmeicheleien dazu zu überreden, ihm einen Gefallen zu tun: „Sie kennen sich so gut aus – würden Sie mir helfen, diese Informationen zu recherchieren?“ Da es Perfektionisten besonders freut, wenn sie für unersetzbar gehalten werden, helfen sie natürlich gern.

STOP

> Machen Sie das persönliche Problem eines anderen nicht zu Ihrem eigenen, wenn Sie um etwas gebeten werden. Geben Sie höchstens einige Ratschläge zur Selbsthilfe: „Ich habe genau zu diesem Thema kürzlich ein sehr interessantes Buch gelesen – das wäre bestimmt etwas für Sie!“

Drohungen und andere Gemeinheiten

Aber auch versteckte Drohungen gehören zum Repertoire solcher „Manipulatoren“, die genau wissen, wo sie einen echten Perfektionisten treffen können. Aussagen wie „Geben Sie sich doch etwas mehr Mühe!“ oder „Sie haben mich tief enttäuscht!“ treffen wie die Faust aufs Auge, denn es wird nicht nur die sachliche

Aussage („Sie haben einen Fehler gemacht") transportiert, sondern sie wird mit einer Wertung verknüpft. Denn wenn Sie nicht auf diese Kritik reagieren, hält der andere Sie, so lautet seine implizite Botschaft, automatisch für faul, unmoralisch oder einen schlechten Menschen.

Manchmal werden Kritik und Forderungen auch in Sticheleien und kleine Gemeinheiten verpackt, um ihnen besonderen Nachdruck zu verleihen. „Ihr Verhalten ist doch nicht normal", „Sie sind der Erste, der mit meiner Bitte ein Problem hat" oder „Normalerweise macht man das aber anders". Die Spitze steckt dabei in so unscheinbaren Worten wie „natürlich", „normal" oder „man", wie etwa in der Aussage: „Man kann das ja kaum glauben!"

Wichtiger ist jedoch das, was ungesagt bleibt, nämlich die implizite Meinung des Kollegen: „Nicht nur ich bin dieser Ansicht, sondern die Mehrheit – und wer die Ansicht nicht teilt, ist irgendwie komisch und hat unrecht." Gerade Menschen, deren perfektionistisches Bestreben ohnehin darin besteht, Unannehmlichkeiten um jeden Preis zu vermeiden, trifft dieser implizite Vorwurf hart. Daher ist die Versuchung groß, sich der angeblichen Mehrheitsmeinung zu beugen, denn wer möchte schon gern als Sonderling gelten. Oft genug steht der soziale Konsens jedoch auf ziemlich wackeligen Beinen, und es gehört nur etwas Mut dazu, die Aussage ganz trocken zu entkräften.

z.B.

Antworten Sie beispielsweise: „Einer muss ja mal der Erste sein", beziehungsweise: „Doch, das ist völlig normal." Und wenn ein Kollege Sie kritisiert: „Ihren Vorschlag kann man doch nicht ernst nehmen, so etwas kann ja niemand wirklich glauben", antworten Sie: „Wer hier im Büro ist noch dieser Meinung?", „Doch, der Chef war sehr angetan" oder einfach, „Doch, das können Sie ruhig glauben."

Fragetechniken

Eine geschickte Methode der Manipulation, die auf Perfektionisten ihre subtile Wirkung nicht verfehlt und sie sehr schnell unter Druck setzt, sind Suggestivfragen. Bei diesen Fragen gibt sich der Fragesteller selbst die Antwort und will Sie so von der Berechtigung seiner Aussage überzeugen.

z.B.

„Sind Sie nicht auch dieser Meinung?" Antworten Sie einfach mit Mut „Nein!".

In eine ganz ähnliche Richtung laufen Entscheidungsfragen – und auch diese sind dazu angetan, Menschen, die sich schnell überfordert fühlen, völlig hilflos zu machen. Denn bei solchen Entscheidungsfragen hat man Ihnen die Entscheidung, ob Sie eine Bitte erfüllen wollen oder nicht, schon abgenommen:

z.B.

„Wir haben für morgen ein Meeting der Arbeitsgruppe angesetzt. Wollen Sie über Ihr Projekt sprechen?"

Wenn Sie jetzt nur die Frage beantworten, haben Sie die Forderung schon akzeptiert. Auch hier ist es wichtig, zunächst auf die Aussage einzugehen und dann die Frage zu beantworten:

To do

„Ich habe morgen keine Zeit. Aber wenn wir das Meeting übermorgen abhalten, würde ich gerne auch über mein Projekt reden!"

Eine gemeine Form der Kritik sind hingegen Feststellungsfragen. Sie platzieren hinter einer negativen Aussage nämlich eine Frage. „Sie sind mit dieser Aufgabe offenbar überfordert. Welche Projekte haben Sie für das nächste Quartal geplant?" Meist beantwortet man dann nur die Frage und lässt die vorher getroffene Aussage unwidersprochen stehen. Damit weist man aber die negative Beurteilung nicht zurück.

Tipp

Besser: Gehen Sie sachlich auf die Aussage ein und widerlegen Sie diese mit Fakten, aber rechtfertigen Sie sich nicht: „Wie die Zahlen belegen, bin ich mit meiner Arbeit keineswegs überfordert, sondern konnte noch zusätzliche Gewinne erzielen." Dann erst beantworten Sie die Frage: „Aufgrund dieser Erfolge plane ich für das kommende Quartal ..."

Moralische Erpressung

Es gibt noch weitere, unfeine Methoden: die moralische Erpressung. Man versucht, Sie zu etwas zu überreden, weil es angeblich Usus sei. Ein Chef, der zum

Beispiel sagt: „Bitte geben Sie Ihren Bericht heute noch ab – *alle* anderen haben das schon gemacht!", lässt Ihnen keine Chance mehr, Nein zu sagen. Denn Sie wollen ja nicht der Einzige sein, der aus der Reihe tanzt. Das funktioniert hervorragend, um Kritik noch zu verstärken: „*Alle* finden, dass Sie dieser Aufgabe nicht gewachsen sind" – Diese Aussage zieht einen angeblichen sozialen Konsens heran: Die Mehrheit hat *immer* recht – und wer sind Sie denn, dass Sie diese Meinung infrage stellen könnten? Sie können! Lassen Sie sich nicht nötigen und geben Sie den indirekten Vorwurf einfach zurück an den Absender:

z.B.

„Geben Sie sich doch etwas mehr Mühe." – Mögliche Antwort: „Geben Sie sich etwas mehr Mühe, mich zu unterstützen."

„Tun Sie es mir zuliebe" – Mögliche Antwort: „Verzichten Sie mir zuliebe auf Ihre Forderung."

„Sie vertrauen mir wohl nicht." – Mögliche Antwort: „Vertrauen ist gut, Kontrolle ist besser."

„Dazu haben Sie kein Recht!" – Mögliche Antwort: „Manche Rechte muss man sich nehmen, sonst hat man sie nicht."

„Sie haben mich sehr enttäuscht!" – Mögliche Antwort: „Ich fürchte, ich habe unter Ihren Erwartungen gelegen."

Sich wehren – oder?

Bei derartigen Manipulationstechniken ist es also kein Wunder, dass manche Perfektionisten sich von Kritik und Anforderungen so unter Druck gesetzt fühlen, dass Sie regelrecht zurückschlagen:

„Ich würde mich freuen, wenn Sie das bis Ende der Woche erledigen würden." In dieser so vorgetragenen Bitte sieht Michael eine Forderung seines Kunden. Daher will er den Auftrag absichtlich nicht pünktlich abliefern, um sich zu rächen. Und auch Isabel will den gut gemeinten Ratschlag ihres Freundes nicht hören und verschließt sich völlig gegen die Kritik, statt konstruktiv damit umzugehen. Beide fühlen sich von Druck und Kritik derart überrollt, dass sie genau das Gegenteil von dem tun, was vernünftig wäre.

Auch wenn dieses Verhalten alles andere als rational ist, ist es eigentlich logisch und durch die Hirnforschung mittlerweile auch belegt: Für viele Perfektionisten ist die einzige Möglichkeit, sich zu wehren, dass sie es ablehnen, die Forderungen anderer zu erfüllen oder die Kritik nicht annehmen – und das manchmal derart absolut und konsequent, dass sie sich damit am Ende selbst in Schwierigkeiten bringen. Hauptsache, sie haben es den anderen einmal so richtig gezeigt!

Doch diese Methode ist nicht zu empfehlen. Unempfindlicher gegenüber Kritik und Forderungen zu werden, bedeutet nicht, dass Sie generell nicht mehr auf Kritik reagieren und jede Anforderung automatisch abblocken sollen, auch wenn Sie das in einer Art Alles-oder-Nichts-Haltung gern so machen würden. Denken Sie daran, dass Perfektionisten dazu tendieren, Dinge in den Kategorien von alles oder nichts zu bewerten. Dass der Kunde Michael als „absolut unfähig" kritisiert, verstärkt diese Denkweise natürlich noch. Michael sieht nur, dass er die Forderung seines Kunden entweder zu 100 Prozent erfüllen muss oder gar nicht. Und er fühlt sich tatsächlich absolut unfähig, wenn er es nicht schafft. Er übersieht, dass es „dazwischen" noch andere Möglichkeiten gibt.

Manchmal müssen wir Kritik akzeptieren. Denn ein kritisches, aber sachliches Feedback bringt uns in unserer Entwicklung weiter. Und ebenso wichtig ist es, dass wir uns bewusst mit den Forderungen von anderen auseinandersetzen, um diese dann entweder zu erfüllen oder zurückzuweisen. Beides geht nur, wenn Sie kritische und fordernde Äußerungen und Bemerkungen, die Sie unter Druck setzen, ganz bewusst analysieren, bewerten und die Verbesserungsmöglichkeiten herausfiltern. Vergessen Sie nicht: Sie allein entscheiden, welche Kritik Sie annehmen und auf welche Forderung Sie eingehen. Auch wenn Sie das als Perfektionist kaum glauben mögen: Das gilt selbst dann, wenn Sie gerade bei einem Fehler erwischt wurden.

Wie man es besser machen kann, zeigt das Beispiel Michael auch. Die Meinung des Kunden hat für ihn also Gewicht – schließlich ist er von zufriedenen Kunden abhängig. Daher wägt er beim nächsten Mal ab: Ist die Forderung des Kunden wirklich vollständig berechtigt oder nur zum Teil? Ist seine Äußerung sachlich oder kann Michael zumindest einen sachlichen Kern herausfiltern? Michael kann durch diese Analyse und in Absprache mit seinen Kunden herausfinden, dass es reicht, wenn er einige erste Entwürfe bis Ende der Woche fertig hat. Die endgültige Fassung kann er nachreichen. Und er kann aus der Kritik seines Kunden einige Verbesserungsvorschläge herausfiltern. Den pauschalen Vorwurf, absolut unfähig zu sein, weist er jedoch zurück.

Keine Angst vor der Entscheidung!

Die unkluge Strategie vieler Perfektionisten, Fehler und Kritik um jeden Preis vermeiden zu wollen, ist nicht nur für sie selbst stressig, sondern hat auch noch weiterreichende Konsequenzen. Worauf kommt es in Ihrem Job an? Natürlich sollen Sie Ihre Arbeit gut machen. Aber besteht diese Arbeit nicht auch aus vielen großen und kleinen Entscheidungen? Besser zuerst die E-Mails durchsehen oder am Projekt weiterarbeiten? Die Unterlagen für den Chef mit Büroklammern fixieren oder zusammentackern? Im Meeting etwas sagen oder doch besser nicht? Dem Kunden den Preisnachlass gewähren oder auf der eigenen Position beharren? Herrn X oder Frau Y zum Abteilungsleiter machen? Solche und ähnliche Gedanken begleiten Ihren gesamten Tagesablauf – und viele Entscheidungen treffen Sie so unbewusst, dass Sie es selbst kaum bemerken.

Vermeidungsstrategien

Eine gute Entscheidung ist eigentlich nichts anderes als die Lösung eines Problems. Wenn Sie zum Beispiel darüber nachdenken, welche Aufgaben Sie zunächst erledigen sollen, besteht das Problem darin, wie Sie am effizientesten arbeiten. Der Redebeitrag im Meeting oder der optimale Abschluss mit einem Kunden könnte Ihre Karrierechancen verbessern. Bei der Wahl des Abteilungsleiters fragen Sie sich, wer diese wichtige Aufgabe am besten meistern könnte. Und selbst wenn Sie zwischen Büroklammern oder Tacker entscheiden, lösen Sie damit ein Problem – nämlich, dass Ihr Chef mit Ihrer Arbeit nicht zufrieden sein könnte (natürlich nur, wenn Sie berücksichtigen, dass er sich immer über zusammengetackerte Unterlagen ärgert!). Jedes Mal, wenn Sie eine Entscheidung fällen, wollen Sie die jetzige Situation verbessern. Und genau aus dieser problemorientierten Denkweise entstehen in vielen Situationen auch neue Ideen und Innovationen.

Entscheidungen – immer die bessere Wahl

Wenn Sie hingegen unentschlossen sind, nehmen Sie sich damit selbst die Chance, aktiv die Lösung eines Problems zu beeinflussen. Aber wenn Sie ehrlich sind, haben Sie auch damit bereits eine Wahl getroffen – oder? Daher ist selbst eine falsche Entscheidung besser als gar keine, denn nur durch eine aktive Entscheidung haben Sie die Möglichkeit zu handeln.

Das aber genau ist der Grund, weshalb so viele entscheidungsscheue Perfektionisten trotzdem darauf hoffen, dass sich ein Problem schon von allein lösen wird: Jede Entscheidung birgt eben das Risiko, auf das falsche Pferd zu setzen. Sie bedeutet auch, sich festzulegen und auf alle anderen Möglichkeiten zu verzichten. Genau hier liegt für die Perfektionisten der Hund begraben: Sie möchten sich lieber alle Optionen offenhalten; es ist für sie nicht auszudenken, wenn sie später noch Informationen bekommen würden, die es ihnen erlaubt hätten, eine bessere, richtige, ja, perfekte Entscheidung zu treffen. Aus Angst, die falsche Wahl zu treffen, versuchen sie daher lieber, die Entscheidung so lange wie möglich hinauszuzögern, sie zu umgehen oder sogar auf andere abzuwälzen – teilweise mit absurden Ergebnissen. Da entscheidet nicht etwa der Leiter der Marketingabteilung über einen Werbetext, sondern der Buchhalter hat das letzte Wort. Bei der Vergabe eines Auftrags darf auch die Leiterin des firmeneigenen Kindergartens (als Betriebsratsmitglied) nicht fehlen, denn der Chef will niemanden übergehen. Auch der Entscheider, der aus Zeitmangel auf dem Golfplatz eine Auftragsvergabe beschließt, ist zumindest hier Perfektionist: Das Projekt, das seit Wochen in seinem Büro lag, hat er sich in der für Perfektionisten typischen Alles-oder-Nichts-Haltung gar nicht erst angeschaut; seine Angst vor der Entscheidung hat er lieber beim Golfspielen verdrängt.

Sie möchten auch lieber Golf spielen, als sich entscheiden zu müssen? Das ist leider nicht so amüsant, wie es sich anhört. Wer ständig unentschlossen ist, wird schnell unzufrieden und steht sich mit seiner schlechten Laune zudem noch selbst im Weg. Schlimmer noch: Wer sich nicht entscheiden kann, wird von anderen nicht selten als unsicher empfunden und wirkt nach außen inkompetent. Wer sich alle Optionen offenhalten will, gilt bald als unzuverlässig. Gerade in verantwortungsvollen Positionen sind diese Eigenschaften nicht gerade hilfreich, sondern werden als Führungsschwäche ausgelegt – das ist weder für Sie selbst, noch für Ihr Unternehmen ein Imagegewinn. Kein Wunder also, dass der Psychologe Jochen Albert Unentschlossenheit als Karrierebremse Nummer eins bezeichnet.

Ein schlechtes Beispiel

Das hat auch Patrick, Projektmanager eines größeren Unternehmens, erfahren. Für ein wichtiges Projekt sind bestimmte Zielvorgaben zu erreichen. Patrick hat seine Mitarbeiter in mehrere Teams eingeteilt. Bald jedoch tauchen Probleme auf: Ein Teamleiter teilt ihm mit, dass er die Vorgaben bei diesem Budget nicht einhalten kann. Gleichzeitig macht der Chef weitere Vorschläge, die das Projekt verbessern sollen, aber von der ursprünglichen Zielsetzung abweichen. Patrick fühlt sich überfordert. Er kann sich nicht entscheiden, ob er das Projekt wie ursprünglich geplant weiterführen oder die Zielsetzung ändern soll. Ganz zu schweigen von dem Budgetproblem …

Wenn er mit dem Chef spricht, so meint er, wird dieser ihn für unfähig halten! Und was sollen die Teamleiter denken, wenn er sie um Rat fragt? Schließlich möchte er doch beweisen, dass er für diese Aufgabe einfach perfekt ist. Lange überlegt er hin und her, will erst sehen, wie sich die Arbeit an dem Projekt entwickelt, damit er auch ja keine Fehlentscheidung trifft. Er bittet die Teamleiter, ihn über jeden Arbeitsschritt auf dem Laufenden zu halten, denn jede noch so kleine Information erleichtert ihm die Entscheidung – so glaubt er. In Wirklichkeit verwirren ihn die ständigen Rückmeldungen noch zusätzlich. Als schließlich die Zeit knapp wird, beschließt er die Teamleiter doch mit einzubeziehen. Er diktiert kurzerhand ein Memo mit den Vorschlägen des Chefs. Im Projektmeeting erklärt er: „Ich muss leider flexibel auf die ständig wechselnden Bedingungen reagieren und kann daher nichts Eindeutigeres sagen. Aber Sie haben nun selbst alle wichtigen Informationen. Bitte setzen Sie die Vorgaben so gut wie möglich um."

Die Teamleiter fühlen sich überfordert und alleingelassen. Jeder versucht auf eigene Art, die Anweisungen so gut umzusetzen, wie es geht. Doch da Patrick ihnen letztendlich weder eine einheitliche Linie, noch ein klares, gemeinsames Ziel vorgegeben hat, kommt das Projekt schließlich nicht zum Abschluss. Sein Vorgesetzter ist entrüstet: „Ihre Aufgabe wäre es gewesen, Verantwortung zu übernehmen, indem Sie aus meinen Vorschlägen ein klares und eindeutiges Ziel formulieren, sodass die Teams wissen, an was sie sich zu halten haben. Bei Problemen hätten Sie mit mir sprechen müssen." Patrick hingegen fühlt sich unschuldig und verteidigt sich: „Ich wollte meine Aufgabe ja nur so gut wie möglich erledigen, und daher habe ich allen alle wichtigen Informationen weitergegeben, damit sich alle Beteiligten selbst ein Bild von der Situation machen können."

Die optimale Strategie

Ein weiterer wichtiger Aspekt beim Lösen eines Problems ist die richtige Strategie oder, wenn Sie so wollen, Ihre Methode: Wie Sie sich entscheiden, welche der zur Verfügung stehenden Alternativen Sie auswählen, hängt im Wesentlichen von Ihrem Ziel ab. Außerdem spielen auch andere Faktoren, beispielsweise Ihr Budget, eine Rolle. Unter Berücksichtigung aller Faktoren treffen Sie dann am Ende Ihre Entscheidung.

z.B.

Wenn Ihr Ziel zum Beispiel heißt, dass Sie in einem Jahr fließend Spanisch können wollen, bringt es nichts, einen Volkshochschulkurs zu wählen, auch wenn die Kosten sehr gering sind. Sie sollten sich dann für eine effizientere Methode entscheiden.

Ziele

Am Anfang jeder Entscheidung steht ein Ziel, eben die Lösung eines Problems. Je klarer das Ziel ist, desto einfacher ist es, eine Entscheidung zu fällen. Wenn Ihr Ziel etwa darin besteht, im Ausland zu arbeiten, wird es Ihnen leichter fallen, sich für einen Sprachkurs zu entscheiden, als wenn Sie „nur mal so" Ihre Fremdsprachenkenntnisse auffrischen wollen, weil es vielleicht gut für den Job ist. Denn wenn Sie wissen, was Sie wollen, fällt es Ihnen leicht, die passende Strategie, die Sie zu Ihrem Ziel führt, zu entwickeln.

Patrick beispielsweise soll in einem bestimmten Zeitraum ein Projekt auf die Beine stellen – das ist sein Ziel, die Voraussetzung für sein Handeln. Dies ist durch seinen Chef festgelegt und nicht zu ändern. Machen Sie sich klar, welche Voraussetzungen und Ziele Ihre Entscheidungen haben. Wenn Sie diese einmal festgestellt haben, brauchen Sie während Ihres Entscheidungsprozesses darüber nicht mehr nachzugrübeln. Halten Sie Ihre Voraussetzungen und Ziele schriftlich fest – bei Patrick sieht das etwa so aus:

z.B.

Patricks Ziele bei seiner Entscheidung:

- Der Chef soll zufrieden sein.
- Das Projekt soll ein Erfolg werden.
- Die Ideen des Chefs sollen nach Möglichkeit bedacht werden.
- Ich möchte so viel Arbeit wie möglich an die Projektleiter delegieren.

Vermutlich stehen Ihnen aber nicht alle Ziele so deutlich vor Augen, manche Ziele formulieren Sie eher unbewusst. So ging es auch Patrick, für dessen Verhalten Denkfehler im Entscheidungsprozess verantwortlich sind, die für Perfektionisten nicht ungewöhnlich sind. Sein eigentliches Ziel war, das Projekt zu einem erfolgreichen Abschluss zu führen. Bald gewann unbewusst aber ein anderes Ziel die Oberhand – nämlich, die eigene Unsicherheit zu bekämpfen. Dieses wurde fortan zu seinem Hauptziel –, wenn auch unbewusst. Daraus entstand sein Bestreben, so viele Informationen wie möglich zu sammeln, um die optimale Entscheidung fällen zu können. So erklärt sich auch, warum Patrick schließlich die Verantwortung auf seine Teamleiter übertrug: Auf diese Weise konnte er wenigstens kurzzeitig die damit verbundene Unsicherheit abgeben.

Patrick hat also sein Bedürfnis nach Sicherheit und damit seine Fähigkeiten falsch eingeschätzt; sein Ziel, das Projekt erfolgreich zu Ende zu führen, war unrealistisch. Tatsächlich können Sie eine gute Entscheidung nur fällen, wenn Sie auch ein gutes Ziel vor Augen haben. Und gute Ziele sind SMART. SMART steht für folgende Eigenschaften, die Ihr Ziel unbedingt vereinen sollte:

Was bedeutet SMART?

S

spezifisch konkret, simpel formuliert, selbst initiierbar: Haben Sie eine konkrete visuelle, verbale und emotionale Vorstellung von Ihrem Ziel, die Sie kurz, knapp und präzise in einem Satz zum Ausdruck bringen können? Und können Sie Ihr Ziel selbst beeinflussen oder sind Sie von den Reaktionen und Einflüssen Ihrer Umwelt abhängig? Denn nur wenn diese Bedingungen erfüllt sind, wird es Ihnen gelingen, Ihr Ziel im Auge zu behalten. Genau hier lag Patricks Fehler: Sein Ziel „Das Projekt soll ein Erfolg sein“ ist viel zu unkonkret – er hätte genauer definieren müssen, was Erfolg für ihn bedeutet. Er machte diesen Erfolg von der Meinung seines Chefs abhängig und konnte sein Ziel damit nicht mehr selbst beeinflussen. Daher ist es kein Wunder, dass Patrick im Laufe seines Entscheidungsprozesses sein Ziel aus den Augen verlor.

M	**messbar**: Ihr Ziel sollte außerdem so formuliert sein, dass Sie jederzeit überprüfen können, ob Sie es schon erreicht haben oder nicht. Dafür müssen Sie aber zuvor festlegen, wo Ihre Messlatte liegt. Auch dabei hilft es Ihnen, sich ein möglichst genaues Bild von Ihrem Ziel zu machen. Denn wenn Sie wissen, wie Ihr Ziel genau aussieht, dann wissen Sie natürlich auch genau, wann Sie es erreicht haben oder ob Sie noch weiter darauf hinarbeiten müssen.
A	**attraktiv, als-ob-jetzt formuliert**: Wichtig ist auch, dass Ihnen das Ziel attraktiv erscheint. Prüfen Sie daher kritisch, ob das Ziel auch wirklich Ihr eigenes Interesse ist oder Ihnen von einem anderen vorgesetzt wurde – so wie es Patrick erging. Er sollte die Vorgaben seines Chefs umsetzen, konnte diese aber nicht richtig in das Projekt einbauen und daher das Ziel nicht wirklich anpeilen. Gedanklich beschäftigte er sich aber ständig mit diesem schwierigen Problem und konzentrierte sich nur darauf. Und genau an dieser Stelle liegt die Lösung: Wenn Ihnen die Entscheidung schon schwerfällt, sollten Sie sich statt auf den bedrückenden Entscheidungsprozess lieber auf das befreiende Ergebnis konzentrieren. Statt also immer wieder daran zu denken, wie schwierig diese Entscheidung ist, malen Sie sich aus, wie gut Sie sich fühlen werden, wenn Sie dieses Problem gelöst haben. Formulieren Sie Ihr Ziel außerdem unbedingt im Präsens: „Ich beginne …“, „Ich mache …“ oder „Ich sage …“. Wenn Sie stattdessen Weichmacher wie „Ich würde gerne …“, „Ich möchte …“ oder sogar „Ich müsste …“ verwenden, verlieren Sie Ihr Ziel viel schneller aus den Augen.
R	**realistisch**: Damit Sie Ihr Ziel erreichen können, muss es realistisch sein. Das bedeutet, dass Sie sorgfältig überprüfen müssen, ob das gesteckte Ziel auch im Rahmen Ihrer persönlichen Fähigkeiten und Möglichkeiten liegt und ob das momentane Umfeld das Erreichen Ihres Ziels zulässt. Sie können sich natürlich die Meinung Ihrer Mitmenschen einholen (aber Achtung: Verlassen Sie sich nicht ganz auf die Meinung anderer). Doch wenn Sie ehrlich zu sich selbst sind und Ihren gesunden Menschenverstand benutzen, können Sie selbst am besten beurteilen, was für Sie machbar ist oder nicht. Patricks Zielvorgaben, den Anforderungen seines Chefs gerecht zu werden, das Budget einzuhalten und Projekt optimal zu Ende zu führen, sind leider in der Realität nicht haltbar. An einer Stelle wird er Abstriche machen müssen.

T **timing definiert, total positiv**: Es bringt aber nichts, sich ein konkretes Bild von Ihrem Ziel zu machen, wenn Sie nicht genau festlegen, bis wann Sie Ihr Ziel erreicht haben wollen. Patrick etwa hat nur eine ungefähre Angabe, bis wann er sein Projekt abgeschlossen haben muss. Auch deshalb konnte er seine Entscheidung immer wieder herauszögern, bis es schließlich zu spät war. Hätte er sich auf einen bestimmten Schlusstermin festgenagelt, wäre das nicht passiert. Zugleich sollten Sie darauf achten, dass Sie Ihre Zielsetzung stets total positiv und ohne kritischen Vergleich realisieren: Patrick etwa nimmt sich vor: „Beim nächsten Projekt will ich mich entschiedener verhalten als bei diesem hier.“ Mit dieser Zielsetzung wird er sich immer wieder auch seine Fehler vorhalten, die ihn deprimieren und ihn letztendlich bei der Umsetzung neuer Ziele behindern. Nur ein positives Ziel ohne Vergleiche und negative Assoziationen gibt Ihnen den nötigen Ansporn.

Alternativen

Wenn Ihr Ziel feststeht, sollten Sie die verschiedenen Alternativen auflisten. Wichtig ist, dass Sie dabei wirklich alle infrage kommenden Möglichkeiten einbeziehen. Als Perfektionist laufen Sie Gefahr, in dem typischen Schwarz-Weiß-Raster hängen zu bleiben und damit Ihren Entscheidungsspielraum von vornherein auf nur zwei Alternativen zu begrenzen. So wie Patrick, dessen Alternativen lauteten: „Ich manage das Projekt perfekt, oder ich bin unfähig!“ Er hätte sich vermutlich weniger Druck gemacht, wenn er auch andere Alternativen in seine Überlegungen einbezogen hätte. So hätte er sich sagen können, dass ein Teilerfolg auch schon ein Erfolg ist, oder dass das Projekt vertagt werden kann. Dadurch hätte er sich selbst von dem Druck enthoben, absolut perfekt sein zu müssen.

Überlegen Sie nun in Ruhe, welche Alternativen es für Ihre Entscheidung gibt. Denn Alternativen zu haben, ist immer besser, als nur zwischen zwei extremen Möglichkeiten wählen zu können. Patrick glaubt zunächst, er hat nur die Alternative, sich zwischen „Ich mache alles richtig“ und „Ich mache alles falsch“ zu entscheiden. Erst als er länger darüber nachdenkt, merkt er, dass es noch eine ganze Reihe weiterer Alternativen gibt. Nicht mehr in den Kategorien von Alles-oder-Nichts entscheiden zu müssen, erleichtert ihm seine Entscheidung erheblich.

Schreiben Sie zunächst alle Alternativen auf, in der Weise wie die Übersicht unten es zeigt. Gibt es schon eine oder mehrere Alternativen, für die Sie sich intuitiv entscheiden wollen? Aber notieren Sie auch Alternativen, die Ihnen zunächst noch völlig unrealistisch erscheinen, denn möglicherweise entscheiden Sie sich nach eingehender Prüfung gerade für den allerunwahrscheinlichsten Weg. Wenn Sie die Möglichkeiten auflisten, ist es wichtig, dass Sie auch spontane Gefühle, also Ihre Intuition, festhalten. Wenn Sie wollen, können Sie das auch in Form von Smilis oder Zahlen zwischen 0 und 5 machen (0 steht für negativ, 5 für positiv).

z.B.

Patricks Alternativenliste und seine spontane Bewertung		
Alternativen	**Spontane Gefühle**	**Wertung**
Wir halten die Vorgaben des Chefs ein, auch wenn wir wahrscheinlich das Budget überziehen.	Wäre super, aber wahrscheinlich zu teuer.	4
Ich ziehe Mitarbeiter von anderen Projekten ab, damit wir dieses Projekt schaffen.	Das wäre das Beste, aber es wird kaum durchführbar sein.	3
Ich suche nach besonders billigen Arbeitskräften, zum Beispiel Praktikanten, die meine Mitarbeiter unterstützen.	Damit habe ich Bauchschmerzen.	0
Wir vergessen die Vorgaben des Chefs und führen das Projekt so durch, wie gedacht. Wenn wir erfolgreich sind und das Budget einhalten, wird der Chef schon nicht meckern.	Super Idee, aber ob das wirklich klappt? Ich habe Angst, dass der Chef dann doch noch sauer wird.	4
Ich arbeite selbst noch mehr.	Dann klappe ich zusammen.	0
Ich rede mit dem Chef, dass es so nicht geht und wir mehr Budget oder andere Vorgaben brauchen.	Dann stehe ich als unfähig da. Aber vielleicht versteht mich der Chef ja auch.	3

Fakten, Fakten, Fakten

Wenn Sie die möglichen Konsequenzen jeder Ihrer Alternativen bedenken wollen, brauchen Sie Fakten, um Ihre Entscheidung nach bestem Wissen und Gewissen zu fällen. Damit kommen Sie zur aufwendigsten Phase des Entscheidungsprozesses, denn diese Informationsrecherche kostet Zeit. Doch beachten Sie: Natürlich ist es sinnvoll, sich gut zu informieren, denn eine wohlüberlegte Entscheidung können Sie hinterher vor sich und anderen besser vertreten. Aber als Perfektionist könnten Sie dazu tendieren, die Recherche ein wenig zu übertreiben, um Ihre Entscheidung so gut wie möglich gegen Kritik abzusichern und alle Alternativen möglichst objektiv zu bewerten. Dann kann es passieren, dass Ihnen die Zeit davonläuft.

So ging es Patrick, dessen Strategie lautete: Die optimale Entscheidung fällen und dafür so viele Fakten wie möglich zusammentragen. Denn als typischer Perfektionist glaubte er, sich umso besser entscheiden zu können, je mehr er über ein Problem weiß. Die hohen Kosten, nämlich den Zeitverlust und dadurch das mögliche Scheitern seines Projektes, erschienen ihm dabei zweitrangig. Tatsächlich verlieren nicht wenige Perfektionisten viel Zeit damit, Informationen akribisch zu horten und ein Problem von allen Seiten genau zu betrachten, weil sie glauben, es dadurch besser unter Kontrolle zu haben – der Thinkaholismus lässt grüßen.

Doch seien Sie mal ehrlich: Sie können zwar aufgrund der vorliegenden Informationen und der bisherigen Erfahrungen eine Hypothese aufstellen, was passieren wird, wenn Sie sich für diese oder jene Alternative entscheiden. Doch Sie können nicht mit Sicherheit voraussagen, wie sich die Dinge entwickeln werden. Natürlich kann es passieren, dass Sie heute eine Entscheidung treffen und morgen eine Information bekommen, die zeigt, dass Ihre Wahl ein Fehler war. Und es kann genauso gut sein, dass die Entscheidung andere Auswirkungen hat, als Sie erwartet haben. Denn: *Die* optimale Entscheidung, die jetzt und für alle Zeiten unfehlbar ist, gibt es nicht! Sie können immer nur aufgrund der Informationen wählen, die bis zum jetzigen Zeitpunkt vorliegen – und das ist, wenn Sie Kosten und Nutzen rational gegeneinander abwägen, die beste Wahl, die Sie treffen können. Darauf, dass Bedingungen sich plötzlich ändern können, haben Sie keinen Einfluss.

Um auf das simple Beispiel vom Anfang des Kapitels zurückzukommen: Wenn Ihr Chef bislang immer seine Unterlagen zusammengetackert lesen wollte, werden Sie sich stets dafür entscheiden, Unterlagen zu tackern. Es kann jedoch sein, dass Ihr Chef seine Meinung plötzlich ändert und Büroklammern bevorzugt, weil er die Unterlagen mit wenig Aufwand wieder voneinander lösen will, Ihnen aber nichts davon sagt. Sie würden dann weiter den Tacker verwenden, weil Ihnen die wichtige Information fehlt, aber Ihre Entscheidung wäre falsch und Ihr Chef wäre, anders als Sie erwartet haben, vielleicht sauer. Nur: Auch bei allem Perfektionismus hätten Sie es nicht besser machen können, denn die wichtige Information über die neuen Vorlieben Ihres Chefs hatten Sie ganz einfach nicht. Um jeden Preis alle Informationen sammeln und abwägen zu wollen, ist für eine gute Entscheidung also nicht unbedingt von Vorteil.

Um in der Ihnen zur Verfügung stehenden Zeit genügend fundierte Informationen zu bekommen, sollten Sie zielgerichtet recherchieren. Grenzen Sie den Informationsfluss von vorneherein durch eine gezielte Fragestellung zu jedem Aspekt Ihrer Entscheidung ein. Die Frage „Was kann ich tun?“ bringt Sie nicht weiter, da Sie viel zu ungenau ist. Werden Sie konkreter, denn nur wenn Sie präzise fragen, bekommen Sie auch brauchbare Antworten. Stellen Sie Fragen für jede Ihrer Alternativen – nur dann erhalten Sie ein objektives Bild. Verfassen Sie nach dem Muster von Patrick schriftlich eine Liste mit konkreten Fragen wie in der Übersicht unten und notieren Sie, wo Sie Informationen dazu finden. Gewichten Sie durch Zahlen: Was müssen Sie genau wissen (5), was nicht (1)?

Patricks Frageliste für die Informationsrecherche:		
Beispiele für genaue Fragestellungen	**Wo finde ich die Informationen?**	**Wichtig?**
Hatten andere Abteilungen schon ähnliche Probleme und wie wurden diese gelöst?	In der Nachbarabteilung wurde kürzlich ein ähnliches Projekt durchgeführt.	5
Wie reagiert der Chef gewöhnlich, wenn man ihm sagt, dass seine Vorgaben nicht eingehalten werden können?	Sekretärin des Chefs, Erfahrungen anderer Mitarbeiter.	4
Und wie hat der Chef sonst reagiert, wenn das Budget überschritten werden sollte?	Sekretärin des Chefs, Erfahrungen anderer Mitarbeiter.	4
Gibt es andere, weniger wichtige Projekte, von denen kurzfristig Mitarbeiter abgezogen werden könnten?	Hierzu kann der Chef selbst Auskunft geben.	5

Die Macht der Zahlen

„Moment mal“, werden Sie einwerfen, „ich soll also, wenn ich eine Entscheidung fälle, weniger Fakten sammeln und weniger rational abwägen? Soll ich denn einfach aus dem Bauch heraus entscheiden?“ Nein, natürlich nicht: Sie können auch weiterhin möglichst rational entscheiden und Fakten recherchieren, die bei Ihrer Entscheidung hilfreich sind. Am besten gelingt Ihnen das aber, wenn Sie konsequent auf Ihr Ziel hinarbeiten, strukturiert Informationen sammeln und einen klaren Zeitpunkt für Ihre Entscheidung setzen. Mit einem solch strukturierten Entscheidungsverfahren werden Sie als Perfektionist sich vermutlich sicherer fühlen.

> Sollte sich hinterher zeigen, dass Ihre Wahl falsch war, brauchen Sie sich nichts vorzuwerfen. Schließlich haben Sie Ihre Entscheidung wohlüberlegt nach bestem Wissen und Gewissen auf der Grundlage der vorhandenen Informationen getroffen. Zu diesem Zeitpunkt war die Entscheidung einfach optimal. Und es gibt noch ein weiteres Plus: Wenn Sie sorgfältig abgewogen haben, können Sie Ihre Entscheidung auch gegenüber Mitarbeitern und Kollegen besser vertreten.

Eine Entscheidung zu fällen bedeutet nichts anderes, als dass Sie verschiedene Alternativen ein Ziel zu erreichen gegeneinander abwägen. Beispielsweise wenn es darum geht, den optimalen Sprachkurs auszuwählen: In diesem Fall müssen Sie die Kosten und Nutzen verschiedener Sprachlernmethoden abwägen, um zu Ihrem Ziel zu kommen, also etwa: „Der Privat-Kurs ist zwar doppelt so teuer, aber doppelt so effektiv“, oder aber: „Der Volkshochschulkurs ist zwar nur halb so effektiv, aber mehr als drei Viertel billiger.“

Sie können die Argumente natürlich in Ihrem Kopf hin- und herwälzen. Besser ist allerdings, diese aufzuschreiben – etwa als Pro- und Contra-Liste. Eine andere Möglichkeit ist es, die verschiedenen Aspekte nur mit + oder – zu bewerten, und jede Alternative mit allen Konsequenzen für sich durchzurechnen, wie es unten dargestellt wird.

Die Konsequenzen sind dabei gleichzeitig die Kriterien für Ihre Entscheidung. Bewerten Sie die Kriterien mit Zahlen zwischen 1 und 5. 5 vergeben Sie, wenn Sie erwarten, dass diese Konsequenz genau so eintritt und 1, wenn nicht. Beschreiben Sie Ihre Meinung außerdem näher mit Worten. Beurteilen Sie alle Alternativen nach denselben Kriterien; nur so können Sie vergleichen! Bei wichtigen Kriterien verdoppeln Sie den Wert – bei allen Alternativen!

Für Patrick etwa ist die Zufriedenheit seines Chefs wichtiger als alles andere, daher hat er diesen Wert mit zwei multipliziert. Zählen Sie die Werte jeweils zusammen, so sehen Sie sofort, wie Sie sich – rein rechnerisch natürlich – am besten entscheiden sollten. Wie das aussehen kann, zeigen Ihnen die folgenden Beispiele, die Patricks Entscheidung darstellen. In dem folgenden Beispiel wurden aus Platzgründen nur zwei mögliche Alternativen ausgewählt und dargestellt:

z.B.

Patricks Alternative: Ich rede mit dem Chef		
Zufriedenheit des Chefs mal 2	3	Er wird sauer sein, aber vielleicht versteht er es ja.
Wir schaffen das Projekt gut und pünktlich	5	Wenn der Chef andere Vorgaben macht, ist die Wahrscheinlichkeit hoch.
Zufriedenheit der Teamleiter	5	Die werden auch zufrieden sein, wenn ich mit dem Chef rede.
Zufriedenheit der Mitarbeiter	5	Die werden auch zufrieden sein, wenn ich mit dem Chef rede.
Mein persönlicher Stressfaktor	1	Erst mal hoch, da ich mich dann vom Chef anmeckern lassen muss.
Gesamtsumme	22	

z.B.

Patricks Alternative: Wir machen das so, wie wir denken und sagen es dem Chef hinterher		
Zufriedenheit des Chefs mal 2	4	Falls wir es hinbekommen, ist er vermutlich zufrieden, aber es gibt ein Risiko.
Wir schaffen das Projekt gut und pünktlich	5	Wenn wir es so machen, wie wir denken, dann ist das sehr wahrscheinlich.
Zufriedenheit der Teamleiter	5	Hohe Zufriedenheit, falls alles reibungslos läuft.

Zufriedenheit der Mitarbeiter	5	Hohe Zufriedenheit, falls alles reibungslos läuft.
Mein persönlicher Stressfaktor	3	Erstmal nicht zu hoch, aber wenn es schiefgeht, bin ich verantwortlich.
Gesamtsumme	26	

Rein rechnerisch hat – in diesem Beispiel – die Alternative, einfach das Projekt durchzuführen wie gedacht, die meisten Punkte. Patrick könnte sich nun dafür entscheiden, dies umzusetzen und damit zufrieden sein. Damit hat er seine Entscheidung nach ganz rationalen und logischen Erwägungen getroffen und gemäß seiner persönlichen Zielsetzung getroffen. Vielleicht sollte er sich aber auch nochmals vergegenwärtigen, was er spontan gedacht hat, als er sich seine Alternativen überlegte: Auch hier hatte ihm diese Alternative mit am besten gefallen. Damit ist klar, dass er sich sowohl emotional auch als rational für diese Alternative entscheidet. Die rationalen Überlegungen haben dieses Urteil bestätigt.

Vielleicht steht Ihr rechnerisches Ergebnis aber im Gegensatz zu Ihrem spontanen Bauchgefühl; dann müssen Sie abwägen, was für Sie wichtiger ist. Leider kann Ihnen niemand den generellen Ratschlag geben: Hören Sie immer auf Ihren Bauch oder immer auf Ihren Verstand. Das müssen Sie je nach Situation und Ihren persönlichen Vorgaben (denken Sie an Ihren Rahmen!) immer wieder selbst entscheiden. Überdenken Sie dazu nochmals die verschiedenen Argumente. Sie können sich auch ein wenig selbst überlisten, indem Sie eine Münze werfen – nicht, um sich zu entscheiden, sondern, um zu merken, was Sie eigentlich wollen: Schon während die Münze fällt, hoffen Sie vielleicht auf Kopf, weil Sie eigentlich die Gehälter kürzen wollen. Oder Sie reagieren spontan mit Widerwillen, wenn die Münze auf Zahl fällt, weil Sie nicht umstrukturieren wollen.

Keine Zeit – und jetzt?

Leider haben Sie in Ihrem Berufsalltag nicht immer die Zeit, eine strukturierte Analyse durchzuführen. Viele Entscheidungen müssen Sie ad hoc und instinktiv treffen. Viele Menschen handeln in solchen Fällen aus dem Bauch heraus. Doch dabei besteht das Risiko, Fehlentscheidungen zu fällen.

Ratio oder Bauch?

Solche intuitiven Prozesse laufen im Prinzip genauso ab wie eine strukturierte Entscheidung – allerdings unbewusst und oft in Sekundenbruchteilen, sodass Sie es nicht einmal wahrnehmen: Sie haben ein Ziel vor Augen, wägen die Informationen ab, die Sie haben – und entscheiden sich für oder gegen eine Alternative. Wer hier schnell und sicher entscheiden kann, ist im Berufsalltag klar im Vorteil, denn er gilt als entscheidungsfreudig und selbstbewusst.

Dabei bergen solche intuitiven Entscheidungen auch Risiken: Entgegen der landläufigen Meinung, nach der die erste, intuitive Entscheidung richtig ist, belegen zahlreiche psychologische Studien, dass es fast immer besser ist, sich umzuentscheiden, statt an der ersten Eingebung festzuhalten. Denn Änderungen machen viel häufiger aus einer falschen eine richtige Antwort als umgekehrt. Daher ist es gar nicht so verkehrt, wenn Sie gelegentlich die perfektionistische Neigung zum Zögern verspüren und Ihre Entscheidung nochmals überdenken wollen – in der Mehrheit der Fälle zahlt sich das tatsächlich aus.

Die Erklärung für dieses Phänomen ist simpel, wenn Sie sich daran erinnern, dass Menschen eine gewisse Tendenz haben, Sachverhalte zu vereinfachen: So selektiv, wie die menschliche Wahrnehmung ist, laufen Sie bei intuitiven Entscheidungen schnell Gefahr, wichtige Informationen zu übersehen. Denn letztendlich fällen Sie eine Entscheidung aus dem Gefühl aufgrund Ihrer bisherigen Erfahrungen, persönlichen Vorlieben und Gewohnheiten, ohne diese Faktoren überhaupt bewusst wahrzunehmen. Eine spontane Entscheidung fühlt sich vielleicht nur deshalb richtig an, weil sie etwas bestätigt, was Sie schon kennen, doch kann sie genauso gut falsch sein.

Tipp

Wenn Sie sich wirklich schnell entscheiden müssen: Verschaffen Sie sich zunächst einen Moment der Klarheit. Nehmen Sie sich Zeit. Allein. Wenigstens fünf Minuten. Diskutieren Sie nicht und verschwenden Sie diese Zeit nicht! Machen Sie sich klar: Sie brauchen die Pause, um optimal zu entscheiden. Schreiben Sie auf: Wie entscheiden Sie sich spontan? Entscheidet Ihr Kopf oder Ihr Bauch? Analysieren Sie rational: Worum geht es bei der Entscheidung konkret, wer und was ist betroffen? Bringen Sie Ihre spontanen Gefühle mit dem Ergebnis Ihrer rationalen Analyse zusammen: Wie entscheiden Sie sich jetzt, nachdem Sie alles rational durchdacht haben?

Wenn das Bauchgefühl trügt

Schauen Sie sich die Geschichte von Anna an: Sie sollte als Personalverantwortliche eine Stelle besetzen. Ihre Entscheidungskriterien waren Qualifikation des Bewerbers, Gehaltsforderung oder Arbeitszeugnisse – eigentlich. Doch letztendlich entschied Sie sich für den Bewerber, der ihr persönlich am sympathischsten, jedoch am wenigsten qualifiziert war – er hatte das gleiche Fach studiert wie sie. Eine glatte Fehlentscheidung, wie sich später herausstellte.

Dabei war Anna immer stolz gewesen, dass sie mit ihren intuitiven Entscheidungen normalerweise richtig lag. Doch hier hatte ihr das Gehirn etwas vorgegaukelt. Da sich negative Ereignisse viel besser im Gedächtnis festsetzen, kann sich Anna vor allem an jene Situation erinnern, in denen Anna ihre Entscheidung zum Negativen hin verändert hat. Die viel häufiger vorkommenden Fälle, in denen sie ihre Entscheidung nachträglich verbessert hat, sind ihr hingegen weniger stark im Gedächtnis geblieben. Mit ihrer Fehlentscheidung steht Anna nicht alleine da: Experten schätzen sogar, dass solche Entscheidungen über Personaleinstellungen bis zu 80 Prozent von der persönlichen Sympathie abhängen.

Zwar werden Sie nie eine perfekte und hundertprozentig objektive Entscheidung fällen; doch eine strukturierte Analyse bringt in vielen Fällen Klarheit in Ihre Gedankengänge und hilft Ihnen, auch Kriterien in Ihre Entscheidung mit einzubeziehen, die Sie vielleicht sonst nicht berücksichtigt hätten. Mit zunehmender Übung werden Sie auch den rationalen Entscheidungsprozess schneller und sicherer durchführen – denn die beste Entscheidung ist immer die, die rationale und intuitive Aspekte vereint. Ratio und Intuition vereinen Sie auch mit dieser Übung, die sich ebenfalls schnell durchführen lässt.

To do

- Sagen Sie sich dabei zunächst Folgendes: Was kann denn schlimmstenfalls passieren, wenn ich mich für oder gegen diese Alternative entscheide? Kann wirklich die Katastrophe eintreten, die ich befürchte? Sehen Sie die schwierige Situation nicht als unüberwindbares Hindernis, sondern als Herausforderung, durch die Sie lernen und wachsen können. Versuchen Sie zuversichtlich zu sein. Rufen Sie sich ähnliche Situationen, in denen Sie auch gute Entscheidungen gefällt haben, ins Gedächtnis.

- Stellen Sie sich dann folgende Fragen, die die konkrete Situation näher beschreiben: Was genau ist das Problem? (Bestimmen Sie den Unterschied zwischen dem, was ist und dem, was sein sollte.) Was möchte ich erreichen? Formulieren Sie ein konkretes Ziel, so konkret wie möglich! Machen Sie sich klar: Weshalb strebe ich dieses Ziel eigentlich an? Warum ist mir diese Sache so wichtig? Wenn es notwendig ist: Erweitern Sie die Zielperspektive.
- Kommen Sie nun zu den Lösungsideen. Fragen Sie sich: Wie könnte eine Lösung aussehen? Gibt es Alternativen? Versuchen Sie mindestens zwei bis drei weitere Lösungsmöglichkeiten zu finden. Jetzt geht es ganz konkret um die Gewichtung der Kriterien und den Entscheidungsprozess: Geht es Ihnen besser, wenn Sie sich so entscheiden? Welche Auswirkungen hat Ihr Vorgehen auf andere? Entscheiden Sie sich rasch, welche der verschiedenen Lösungsansätze am meisten Erfolg versprechen. Gibt es Möglichkeiten, Ihren Lösungsansatz gegebenenfalls noch zu verbessern? Sind Sie mit dem Ergebnis zufrieden? Wenn nicht, versuchen Sie einen anderen Weg, wenn Sie noch Zeit haben sollten!

Die 110-%-Lüge

Der Hauptgrund dafür, dass trotz vieler offensichtlicher Nachteile dennoch so viele Menschen an ihrem Perfektionismus festhalten wie an einem lieb gewordenen Kleidungsstück, ist sein gesellschaftliches Ansehen. Die meisten perfektionistischen Verhaltensweisen sind im modernen Berufsalltag positiv belegt. Züge wie Strebsamkeit, Ehrgeiz, Kampfgeist, Ordnungssinn oder Organisationsvermögen gelten als hervorragende Eigenschaften, um Karriere zu machen. Denn ohne Fleiß ist ja kein Preis zu erreichen, nicht wahr? Vor allem vermitteln diese Menschen den Eindruck, besonders produktiv zu sein und erscheinen damit als die idealen Leistungsträger. Wer immer 110 Prozent gibt, muss ja schließlich erfolgreich sein – oder? Sind Perfektionisten also die geborenen Erfolgsmenschen, denen ein Platz in der Führungsetage des Unternehmens sicher ist?

Arbeitssucht – die tolerierte Sucht?

Während Süchte wie harte Drogen oder Alkohol gesellschaftlich geächtet werden, steht Arbeitssucht, sogenannter Workaholismus, in hohem gesellschaftlichen Ansehen, gilt als normal und ist oft sogar von den Unternehmen gewollt. Daher ist es so schwer, sich einzugestehen, dass die entsprechenden Verhaltensmuster schädlich sind und daran etwas zu ändern.

Hamsterrad statt Karriereleiter

Der Schein trügt, denn Perfektionismus hat nicht nur Vorteile, sondern auch eine Reihe von Nachteilen, die im Berufsalltag zum Problem werden können. So mag Strebsamkeit positiv sein, doch es bringt einen keinesfalls weiter, stur an zu hohen Erwartungen festzuhalten oder sich gedanklich an unlösbaren Problemen festzubeißen. Auch Ordnungssinn ist durchaus löblich; wer jedoch seine Arbeitszeit mit Pedanterie verschwendet und sich zu stark mit Details beschäftigt, statt das Gesamtergebnis im Blick zu haben, wird im Job nie die Ergebnisse bringen, die die Vorgesetzten von ihm erwarten.

Führt Perfektionismus zu mehr Leistung?

Zahlreiche Studien aus der Arbeitspsychologie belegen deutlich: Entgegen der Annahme vieler Menschen, ist Perfektionismus häufig gerade nicht die Basis für ausgezeichnete berufliche Ergebnisse und herausragende Karrieren.

Zwar sind Perfektionisten häufig geschäftiger als ruhigere Naturen und können damit für einen gewissen Zeitraum sehr erfolgreich sein. Denn solchen Menschen spornen sich in stressigen Situationen noch zusätzlich selbst an. Mit den Stresshormonen Adrenalin und Noradrenalin, die in der Nebennierenrinde ausgeschüttet werden, peitschen sich diese Stressjunkies selbst zu Höchstleistungen auf. Auf diese Weise gelingt es ihnen hervorragend, sich wichtigen Aufgaben mit vollem Einsatz zu widmen – zumindest für kurze Zeit. Aber was passiert dann?

Die typische Stressreaktion ist ein Überrest aus der Steinzeit, als wir Menschen uns in plötzlichen Gefahrensituationen zwischen Flucht und Kampf entscheiden mussten. Dabei schüttet der Körper nicht nur Stresshormone aus, sondern beschleunigt auch die Atmung, durchblutet bestimmte Muskeln besser und setzt zusätzliche Energie aus den Zuckervorräten der Leber frei. Das Problem dabei ist allerdings: Um durch diese Reaktion leistungsfähig zu werden, fährt unser Organismus gleichzeitig alle anderen Prozesse herunter, die er gerade nicht braucht – etwa Appetit, Verdauung, Abwehrkräfte, Kommunikationsvermögen. Im Großhirn, dem Sitz des Bewusstseins, wird die Ausschüttung des „Glückshormons" Serotonin erhöht, im Zwischen- und Stammhirn, das für die unbewusste Regelung von Atmung und Blutdruck zuständig ist, dagegen vermindert. Diese Umverteilung steigert die Bereitschaft zu einer schnelleren, dafür aber unüberlegten Reaktion. Auch Aggression und Impulsivität sind erhöht.

Das steinzeitliche Stressprogramm, das früher für das Überleben unbedingt notwendig war, ist im modernen Berufsalltag allerdings nicht unbedingt hilfreich. Denn heute ist, wer Erfolg haben will, weniger auf seine Körperkraft angewiesen als vielmehr auf seine kommunikativen Fähigkeiten und sein Vermögen, langfristige strategische Entscheidungen zu fällen. Perfektionisten, die jedoch von Natur aus anfälliger für externe Stressoren sind, und sich mit ihren hohen Ansprüchen unentwegt selbst unter Druck setzen, beschneiden sich diese wichtigen Erfolgsfaktoren selbst: Wer ständig gestresst ist, macht dabei auch öfter Fehler. Gerade bei Aufgaben, die komplexe Urteile und Genauigkeit erfordern, geraten die perfektionistischen Hektiker schnell ins Hintertreffen, weil es ihnen schwerfällt, sich zu konzentrieren. Und nicht selten müssen sie hinterher die eingesparte Zeit dazu verwenden, Fehler wieder auszubügeln, die mit einigem ruhigen Nachdenken gar nicht erst entstanden wären. Der vermeintliche Produktivitätsvorsprung ist also in Wirklichkeit gar keiner.

Dazu kommt noch, dass Perfektionisten in vielen Fällen die Produktivität in Arbeitsgruppen und Teamprojekten eher behindern. Sie kennen häufig weder ihre eigenen Grenzen noch die der anderen. Im Gegenteil, weil sie glauben, selbst unentwegt arbeiten zu können, versuchen sie diesen Rhythmus auch anderen aufzuzwingen. Da viele Perfektionisten außerdem in dem Bewusstsein agieren, was Arbeitseifer, Fachwissen und Organisationsvermögen angeht, das Maß aller Dinge zu sein, wollen sie grundsätzlich auch den Ton angeben. Gleichzeitig misstrauen sie ihren Mitarbeitern stark und wollen auch kleinste Arbeitsschritte grundsätzlich selbst kontrollieren. Zwar können Perfektionisten andere hervorragend antreiben und so kurzfristig zu mehr Leistung „motivieren“, mit ihrem feindseligen Verhalten zerstören sie jedoch über kurz oder lang die Motivation eines jeden Teams – und damit auch seine Effizienz.

Workaholics – kein Gewinn für das Unternehmen

Untersuchungen zeigen: Perfektionistische Workaholics können einem Unternehmen zwar kurzfristig Gewinn bringen, langfristig wird dieser jedoch durch den um ein Vielfaches höheren finanziellen Schaden, verursacht durch Fehler, Mitarbeiterfluktuation und ineffizientes Arbeiten, wieder aufgefressen.

Aus diesen Gründen sind Perfektionisten alles andere als die idealen Vorgesetzten. Denn ihnen fehlt häufig der Weitblick für langfristige strategische Entscheidungen, und auch ihr Führungsstil ist eher dazu angetan, Angst und Unzufriedenheit unter ihren Mitarbeitern zu säen, statt diese zu motivieren. Daher machen sie in der Regel längst nicht die erfolgreichen Karrieren, die man bei ihrem Ehrgeiz und ihrer Geschäftigkeit erwarten könnte. Untersuchungen diverser Arbeitspsychologen zeigen, dass typische Perfektionisten vor allem in den mittleren Führungspositionen von Unternehmen zu finden sind. Im Top-Management trifft man überraschenderweise vor allem die gelasseneren Naturen. Entspanntheit ist also auch ein wichtiger Erfolgsfaktor.

Wann sind wir richtig produktiv?

Tatsächlich ist eine hohe Leistungsbereitschaft grundsätzlich nichts Verkehrtes – sofern die Leistung freiwillig und mit Freude erbracht wird. Der Verhaltensbiologe Felix von Cube spricht in diesem Zusammenhang von Flow, der Lust des Neugiertriebes. Neugier motiviert uns, voranzugehen, Probleme zu lösen und neue Herausforderungen zu bestehen. Dabei erleben wir Eustress (von griech. Eu = gut), der den Körper zwar auch belastet, aber wichtig ist, um neue und schwierige Aufgaben zu bewältigen. Denn wenn wir ein Problem lösen oder unter Zeitdruck eine Arbeit zufriedenstellend meistern, ist es durchaus sinnvoll, dass wir uns ein wenig unter Druck setzen, um Höchstleistungen zu erreichen.

Warum machen wir uns überhaupt Stress?

Wenn wir uns Stress machen, dann in der Regel, um ein Problem zu lösen oder etwas zu erreichen – zum Beispiel Anerkennung, soziale Bindungen oder Sicherheit. Und wenn wir das Problem lösen oder uns unseren Wunsch erfüllen, erfahren wir Freude – Flow eben.

Wenn der Chef uns beispielsweise eine wichtige Aufgabe überträgt, beginnen wir sofort zu überlegen, wie wir vorgehen werden und unser Organismus bereitet sich darauf vor, Höchstleistungen zu erbringen, um mit der Situation fertig zu werden. Neuere Ergebnisse der Hirnforschung zeigen sogar, dass Stress die schnellere Vernetzung von Hirnzellen fördert. Jedes Mal, wenn wir also unter Stress ein Problem lösen, erlernen wir relativ flott ein Denkmuster, das wir zukünftig in ähnlichen Situationen wieder abrufen können. Stress erhöht also unsere Flexibilität.

Die Euphorie, die wir empfinden, wenn wir eine stressige Arbeit befriedigend abgeschlossen haben, verdanken wir unter anderem den Hormonen Noradrenalin und Serotonin. Diese rufen positive Gefühle hervor, die wie eine Belohnung für die vorherige Anstrengung wirken. Wenn der Eustress regelmäßig und dosiert auftritt, stimuliert er das Immunsystem und wirkt motivierend. Wichtig ist dabei jedoch, dass wir die Situation als Herausforderung erleben, der wir uns gern stellen; die Aufgabe, die uns unser Chef gibt, sollte uns also weder unter- noch überfordern. Auf die richtige Mischung zwischen Flow und Routine kommt es an!

Anerkennung ist wichtig!

Damit wir uns zu einer Aufgabe motiviert und nicht unter- oder überfordert fühlen, ist Anerkennung wichtig. Genau das ist aber in vielen deutschen Unternehmen das Problem, wie gleich mehrere Studien zeigen. Offenbar wird zu selten gelobt und Arbeitnehmer fühlen sich ob der fehlenden Anerkennung demotiviert. Wer jedoch dauerhaft zu wenig Anerkennung erfährt, wenn er ein Problem löst, erlebt auch eine gesunde Herausforderung schnell als Druck.

Unterfordert fühlen sich die meisten Menschen dann, wenn eine Arbeit monoton ist und zu viel Routine beinhaltet. Doch auch wenn ein gewisses Maß an Routine in unserem Leben wichtig ist: Ohne Veränderungen wird uns schlicht langweilig. Zwar erledigen wir auch unsere Arbeit gut und deutlich schneller, wenn wir die Aufgabe schon hundertmal gemacht haben, weil unser Gehirn sich daran gewöhnt hat, dieses Verhalten quasi automatisch auszuführen. Doch neuen Herausforderungen, auch wenn sie zunächst Stress bedeuten, sind wichtig. Denn nur durch deren Bewältigung erreichen wir jenen Flow, der uns zu Höchstleistungen motiviert. Wer hingegen rigide in eingefahrenen Verhaltensweisen und an starren Denkmustern festhält, versagt sich damit dieses euphorische Gefühl.

Allerdings birgt auch die Überforderung große Probleme. Während uns zu stupide Arbeiten langweilen, stoßen wir andererseits auch immer wieder auf Herausforderungen, die wir als belastend, überfordernd und unangenehm empfinden. Häufig sind das Situationen, die wir glauben, nicht bewältigen zu können. Gute Beispiele dafür sind die Wirtschaftskrisen, die allgemeine Arbeitsmarktsituation oder der Stellenabbau im Unternehmen – alles Dinge, die der Einzelne nicht beeinflussen kann und die uns daher das Gefühl geben, ausgeliefert zu sein. In solchen Momenten entsteht negativer Disstress. Er tritt immer dann auf, wenn man keinen Ausweg weiß, weil das menschliche Gehirn aufgrund fehlender Erfahrungen auf die Schnelle keinen Lösungsmechanismus für dieses Problem bereithält. Im Gegensatz zum Eustress erleben wir in solchen Situationen keinen Flow, sondern fühlen uns häufig hilflos und ängstlich.

Stress hat unschöne Nebenwirkungen

Schweizer Forscher haben herausgefunden: Stress trübt unser Gedächtnis. Denn aus der Nebennierenrinde wird Cortisol ausgeschüttet, das den Körper vor Überanstrengung schützen soll. Es blockiert unter anderem die Gedächtnisleistung, führt zu einem hohen Blutzuckerspiegel und einer Übersäuerung des Blutes und zu einer Schwächung der Schilddrüsenfunktion.

Die Überforderung ist aber manchmal auch hausgemacht. Neurobiologische Untersuchungen zeigen, dass manche Menschen regelrecht süchtig werden nach den körpereigenen Glückshormonen, dem Flow. Sie führen daher stressige Situationen sogar mit Absicht herbei, weil sie mit dem positiven Gefühl, ein Problem bewältigt zu haben, immer wieder ihr Selbstbewusstsein stärken. Doch auf diese Weise kann anfänglicher Eustress schnell zu Disstress werden. Denn nur wenn das enorme, auf eine körperliche Reaktion ausgerichtete Energiepotenzial, das durch die Ausschüttung von Stresshormonen entsteht, auch wieder vollständig abgebaut wird, kann sich der Körper entspannen. Wer jedoch permanent unter Strom steht, glaubt bald aus reiner Überlastung, eine Aufgabe sei unüberwindlich und verliert dadurch jegliche Motivation.

Zu viel des Guten

Aus Euphorie wird Frustration. Genau diesen Weg schildert das Autorenduo Axel Braig/Ulrich Renz in seinem Buch „Die Kunst weniger zu arbeiten“ am Beispiel eines Managers: Mit einer kreativen, euphorischen Idee gründet er zusammen mit Freunden ein Unternehmen, das bald floriert. Atemlos verbringt er die nächsten Jahre im Rausch der Aufbruchstimmung. Nichts ist für ihn wichtiger als die Arbeit, er fühlt sich wichtig in seiner Position und das Gefühl, große Aufgaben zu lösen, stärkt sein Selbstbewusstsein. Menschen, die eine 38-Stunden-Woche abarbeiten und freitags schon mittags nach Hause gehen, findet er geradezu empörend. Doch irgendwann verfliegt der Rausch. Das Unternehmen wächst, Kalkulation, Kennziffern und Bilanzen gewinnen die Oberhand und pressen die Firma in ein starres Korsett, in dem kein Platz mehr ist für neue, kreative Ideen. Auch der gemeinschaftliche Unternehmensgeist aus der Anfangszeit, das Gefühl, dass alle zusammen anpacken und an einem Strang ziehen, verschwindet; bald kämpft jeder nur noch um sein Budget, Machtspielchen und Intrigen sind an der Tagesordnung. Denn jeder will seine Sicherheit und seine Besitzstände bewahren und Veränderungen machen Angst.

Tipp

Soziale Beziehungen sind wichtig

Unter Arbeitssucht leiden häufig auch sozialen Beziehungen, die jedoch wichtig sind, um jene Unsicherheiten zu bekämpfen, die durch Dauerstress entstehen. Um diese Ängste zu überwinden, brauchen wir Menschen, die uns ermutigen, weiterzumachen und die Herausforderung anzunehmen.

Was die Autoren beschreiben, ist nichts anderes als die Karriere eines klassischen, perfektionistischen Workaholics, bei dem aus anfänglicher Arbeitseuphorie zwanghafter Arbeitsstress wird, der zum Burn-out-Syndrom führt. Leider ist dieses Beispiel kein Einzelfall. Tatsächlich können perfektionistische Wesenszüge einen Menschen regelrecht dazu treiben, sich ständig zu überarbeiten. Auch wenn nicht jeder Workaholic ein Perfektionist ist, haben doch die meisten Perfektionisten eine starke Tendenz zu Arbeitssucht.

Gerade Perfektionisten tendieren aufgrund ihrer hohen Ansprüche und ihrer Leistungsbereitschaft dazu, sich permanent selbst zu überfordern. Dann aber schaffen sie es einfach nicht, sich wieder zu entspannen. Selbst wenn sie sich überfordert fühlen, treiben sie sich immer weiter an, um die Sache doch noch in den Griff zu kriegen. Dadurch verbleibt der Körper in ständiger Alarmbereitschaft und die Stresshormone werden nicht abgebaut. Manche Menschen können irgendwann überhaupt nicht mehr abschalten und zeigen regelrechte Entzugserscheinungen, wenn sie es dennoch versuchen. Es ist ihnen dann kaum noch möglich, mit der Arbeit aufzuhören, und sie entwickeln ein regelrechtes Suchtverhalten mit typischen Entzugserscheinungen.

Fakten zum Burn-out

Burn-out ist vor allem ein Problem von Menschen, die sich ihrem Beruf mit hohem persönlichen Einsatz widmen – wie etwa Selbstständige oder Arbeitnehmer in verantwortungsvollen Positionen. Eine Umfrage zeigt: Nahezu ein Viertel der deutschen Fach- und Führungskräfte zeigen deutliche Burn-out-Symptome, etwa 32 Prozent geht der Arbeitsstress bereits an die körperlichen Reserven. Im internationalen Vergleich sind die Deutschen mit diesen Ergebnissen trauriger Spitzenreiter.

Übertriebener Perfektionismus kann auf diese Weise sogar krank machen, denn niemand hält ein solch hohes Arbeitstempo auf Dauer durch. Befindet sich der Körper über einen langen Zeitraum in diesem Stresszustand, hat er irgendwann alle Energie verbraucht – das sogenannte Burn-out-Syndrom ist die Folge. Damit gehen häufig nicht nur körperliche Probleme, wie die Schwächung des Immunsystems, Verspannungen, Schlafstörungen, Kreislaufprobleme, Verdauungs- und Essstörungen, einher, sondern auch starker Leistungsabfall und ein geistiger Leerlauf bis hin zu schwerwiegenden Depressionen. Langfristig gesehen kann Dauerstress auch zu schwerem Tinitus und Geschwüren im Magen-Darm-Trakt führen und Krebs begünstigen. Mehrere Studien zeigen schließlich auch, dass Menschen, die ständig gestresst sind, eine im Vergleich zu anderen doppelt so hohe Wahrscheinlichkeit aufweisen, eine koronare Herzerkrankung zu bekommen.

Tipp

Nicht weniger, sondern anders arbeiten

Ein typischer Ratschlag bei Arbeitswahn: weniger arbeiten, in Teilzeit gehen oder ganz aussteigen. Das ist jedoch nicht immer und für alle machbar – und oft auch nicht sinnvoll. Der bessere Ratschlag ist: anders arbeiten! Mit mehr Gelassenheit. Das bedeutet, intelligent zu arbeiten und nicht perfektionistisch. Das erfordert, die eigene Arbeitsweise in kleinen Schritten umzustellen. Mehr Zeit zu gewinnen, durch weniger Ansprüche an sich selbst. Weniger Stress aufzubauen, indem man sich nicht durch jede Kritik oder Forderung eines Kollegen oder Vorgesetzten unter Druck setzen lässt. Mehr Ruhe und mehr Freude an der Arbeit zu haben durch regelmäßige Entspannungsphasen. Mehr Sicherheit zu gewinnen, indem man sich bewusster auf soziale Bindungen konzentriert. Und es bedeutet auch, dass man seine Leistungsbereitschaft effizient einsetzt, um ein bestimmtes Ziel zu verfolgen, statt sich durch übertrieben hohe Ansprüche immer wieder selbst im Weg zu stehen.

Ordnung – wirklich das halbe Leben?

Sie vertragen einfach kein Chaos und sind deshalb ordentlich? Herzlichen Glückwunsch! Ein gewisses Maß an Ordnung ist wichtig, um gut arbeiten zu können. Doch manche Perfektionisten neigen auch in Fragen der Ordnung zur Übertreibung.

Pedanterie

Selbstverständlich ist es gut, wenn Sie ordentlich sind: Wie viel Zeit würden Sie mit Suchen verlieren, wenn sich Ihre wichtigen Unterlagen unsortiert auf dem Schreibtisch türmen würden, statt sauber abgeheftet in Ordnern im Regal zu stehen? Und wie viel Anstrengung würde es Sie kosten, jeden Tag den Schreibtisch von einem Berg von Papier zu befreien, damit Sie überhaupt mit der Arbeit anfangen können?

Und stellen Sie sich vor, jeder in Ihrer Abteilung wäre so unordentlich. Ganz abgesehen davon, dass vermutlich niemand die Unterlagen wiederfinden würde, die der Kollege zuvor bearbeitet hat! Sie würden sich wohl bald durch die Müllberge in Ihrem Büro kämpfen müssen. Eine kuriose Vorstellung, nicht wahr? Nein, es ist schon gut, dass Sie ordentlich sind. Dadurch sind Sie nicht nur produktiver, sondern fühlen sich auch ein wenig wohler bei Ihrer Arbeit. Der Spruch „Ordnung ist das halbe Leben" hat seine Berechtigung. Oder?

Ordnung als Selbstzweck

Betrachten wir einmal das Beispiel von Benjamin. Jeden Morgen, wenn er ins Büro kommt, räumt er zunächst seinen Schreibtisch auf. Nicht, dass es nötig wäre, wie seine Kollegen kopfschüttelnd feststellen, denn der Schreibtisch ist niemals unordentlich. Und dennoch rückt Benjamin jeden Morgen als Erstes die Schreibtischunterlage zurecht, sodass sie genau parallel zur Schreibtischkante liegt, und legt dann in einem bestimmten System die Stifte daneben. Zu guter Letzt holt er die Unterlagen, die er für die anliegende Arbeit benötigt, aus den Ordern und legt sie fein säuberlich nacheinander auf den Tisch. Das dauert natürlich etwas länger, aber dafür gibt es auf seinem Schreibtisch keine unordentlichen Papierhaufen.

Aber damit nicht genug. Mindestens einmal in der Woche bricht Benjamin in Verzweiflung über die Unordnung in Sachen Ablage der Abteilung aus: „Wie können Sie nur in einem solchen Chaos arbeiten“, fragt er dann die Kollegen entsetzt beim Anblick der überquellenden Papierbehälter. Und jedes Mal macht er sich daran, die Papiere zu sortieren und das Ablagesystem zu ändern, denn mit seinem todsicheren neuen Ordnungssystem wird so eine Unordnung bestimmt nicht mehr passieren. „Schauen Sie her“, referiert er dann, „der rote Behälter ist jetzt die Ablage für die dringenden Eingänge, nicht mehr der grüne, denn Rot ist eine Signalfarbe, damit Sie die dringenden Sachen auch immer gleich finden.“ Und nach einer Woche ist die rote Ablage wieder genauso verstopft wie zuvor. „Warum halten sich die Kollegen nur nicht an mein System – vielleicht war es nicht gut, und ich muss ein besseres finden …“, fragt sich Benjamin. „Wie der sich aufspielt, dabei hat er gar nichts zu melden, der Ordnungsfanatiker, es interessiert uns überhaupt nicht, was der sagt …“, schimpfen die Kollegen hinter seinem Rücken. Nur dem Chef wird das Treiben allmählich zu bunt. Denn die Zeit, die Benjamin ständig mit dem Sortieren der Ablage zubringt, sollte er eigentlich sinnvoller und effizienter für seine Arbeit nutzen.

To do

Es geht auch schneller: Aufräumen in einer Stunde

Ordnung schaffen Sie mit etwas Übung auch deutlich schneller als Benjamin – in einer Stunde! Für jeden Arbeitsschritt brauchen Sie 15 Minuten. Niemand darf Sie stören. Stellen Sie sich für jeden Schritt die Uhr oder einen Wecker auf 15 Minuten.

- In den ersten 15 Minuten entwickeln Sie eine Strategie: Was ist das Ziel Ihrer Aufräumaktion? Wie soll es am Ende aussehen? Bereiten Sie die nötigen Werkzeuge zum Aufräumen vor, etwa Müllbehälter und die Ablage, und stellen Sie sicher, dass in Ihrem Ordnungssystem genug Platz ist, die herumliegenden Gegenstände aufzunehmen. Wenn Sie die erste Viertelstunde zu einer optimalen Planung nutzen, können Sie den Rest viel besser und schneller erledigen.
- Wenn Sie die Planungsphase abgeschlossen haben, stellen Sie die Uhr oder den Wecker erneut auf 15 Minuten. Nehmen Sie alles, was herumliegt und legen es auf einen der drei Haufen: A für Papiere und Dinge, die Sie noch behalten wollen. B für Papiere, die Sie noch durchsehen müssen. C für Papiere und Dinge, die Sie wegwerfen wollen. Die schmeißen Sie am besten gleich in die vorher vorbereiteten Abfallbehälter. Wenn die Uhr oder der Wecker piepen, müssen Sie fertig sein. Im Raum sollte nun außer den Haufen nichts mehr herumliegen.

- Nun kommt der schwierigste Schritt: Sie haben wieder nur 15 Minuten, um die Papiere von Haufen B durchzusehen und zu entscheiden, ob Sie diese noch brauchen oder wegwerfen wollen. Wenn Sie sie noch brauchen, legen Sie sie auf Haufen A. Sie sollten aber auch gleich wissen, wohin Sie sie in Ihrem Ordnungssystem packen wollen. Wenn nicht: Sofort zu C in den Abfallbehälter. Sie werden sehen: Durch den Zeitdruck entscheiden Sie viel rigoroser – im Zweifel wegwerfen! Wenn Wecker oder Uhr piepen, sollten nur noch Haufen A und der Müllbehälter übrig sein.
- Nun haben Sie weitere 15 Minuten, um die Dinge von Haufen A in Ihr Ordungssystem einzuordnen. Nun zeigt sich, wie gut Ihr System ist, wie gut Sie geplant haben und wie rigoros Sie entrümpelt haben. Wenn Sie die Aufgabe nicht in 15 Minuten bewältigen können, sollten Sie diese drei Aspekte nochmals überdenken. Nun müssen Sie nur noch den Müll wegbringen – fertig!

Regelwut

Benjamin ist ein echter Bilderbuchpedant. Warum aber treibt er es so weit, dass ihm sein Ordnungsfimmel sogar schadet? Dieser Tick lässt sich nicht einfach mit Ordnungsliebe erklären; die Ursache liegt vielmehr tief in seiner perfektionistischen Denkweise verwurzelt: Im Kapitel über Thinkaholimus haben Sie erfahren, dass Perfektionisten stets bemüht sind, möglichst alle Facetten eines Problems und so viele Informationen wie möglich aufzunehmen, in der Hoffnung, sie könnten ein Problem dadurch besser kontrollieren. Übertriebene Ordnung ist sozusagen die Fortsetzung dieses Spleens: Perfektionisten wollen die aufgenommenen Informationen natürlich auch so ablegen, dass sie sie jederzeit wieder abrufen können, wenn es nötig wird. Auf diese Weise hoffen sie, gegen Schicksalsschläge gewappnet zu sein.

Daher erdenken sie, wie Benjamin, ein logisches Ordnungssystem für ihre „Daten“. Und ganz gleich, ob sie auf diese Weise ihre Gedanken sortieren oder Gegenstände, Dokumente, Dateien auf dem Computer – alles gehört in eine bestimmte Kategorie innerhalb dieses Systems. Nicht genug damit, oft erstellen diese Menschen noch zeitaufwendig Schemata und Regeln – quasi eine imganinäre Landkarte, die ihnen den Weg durch ihr System weist, die aber auch anderen helfen soll, ihm zu folgen. Manche Menschen verlieren sich derart in ihrem eigenen Ordnungssystem, dass sie vergessen, was eigentlich das Wesentliche ist.

Rigidität

Richtig problematisch wird es aber dann, wenn sich die Dinge nicht in Kategorien einpassen lassen. Oder wenn andere Menschen dem eigenen System nicht folgen wollen oder können. Denn dann können echte Perfektionisten nur schwer von dem einmal eingeschlagenen Weg abweichen.

Gefangen im eigenen System

„Na gut, dann macht man es halt anders" – das wäre in solchen Situationen eine vernünftige Reaktion. Aber für Perfektionisten ist das keine Kleinigkeit. Benjamin etwa tut sich ausgesprochen schwer damit, sein bisheriges Denkmuster zu revidieren und flexibel auf neue, unvorhergesehene Ereignisse zu reagieren. Denn sein Ordnungssystem ist auch ein Mittel, sein Leben im Griff zu haben. Würde er diese Ordnung infrage stellen, so müsste er zugeben, dass er nicht alles unter Kontrolle haben kann. Mehr noch, er müsste sich, ganz perfektionistischer Alles-oder-Nichts-Denker, fragen, welches seiner Denkmuster überhaupt noch haltbar wäre. Das will Benjamin auf keinen Fall! Also bleibt er lieber stur bei seinem System …

STOP

Einige Perfektionisten blockieren sich mit ihrer Rigidität derartig, dass sie selbst dann ihre Meinung nicht ändern, wenn sie eigentlich schon längst eingesehen haben, dass ihre Einstellung zum Problem geworden ist.

So wie Sebastian, der das, was er sich einmal vorgenommen hat, auch unbedingt durchführen will, koste es, was es wolle. Sebastian hat erst vor wenigen Wochen eine neue Stelle als Archivar in einem Unternehmen angetreten und bereits das ganze Archiv in ein Chaos verwandelt: Ordner stapeln sich auf dem Boden, lose Blätter liegen herum. Sein Glück ist, dass nur selten jemand ins Archiv kommt, daher hat noch niemand gesehen, wie es aussieht; der Chef wäre sicher sehr wütend.

Chaotisch aus Ordnungsliebe

Oberflächlich betrachtet ist Sebastian das genaue Gegenteil des pedantischen Benjamin. Doch tatsächlich sind sich die beiden sehr ähnlich, denn auch Sebastian ist in seinem tiefsten Inneren ein Ordnungsfanatiker. Frisch an seinem neuen Arbeitsplatz stellte er fest, dass so einiges in diesem Archiv im Argen lag und dass die Bestände nur zum Teil im Computer katalogisiert waren. Mit perfektionistischem Elan begann er daher, ein neues Ordnungssystem zu entwickeln. Gleichzeitig legte er die zurückgehenden Akten erst auf seinem Schreibtisch und dann auf dem Boden ab – denn sie in dieses chaotische, alte System einzuordnen oder beiseitezuräumen, hielt er für ineffizient, denn er plante, die Akten ohnehin umgehend in das neue Ordnungssystem einzupassen.

Nun erhält er den Auftrag, für eine Abteilung Material zu einem Thema zusammenzutragen, und ihm bleibt keine Zeit mehr, das Archiv weiter zu sortieren. Er wird eben weitermachen, sobald der Auftrag erledigt ist! Derweil werden Aktenberge und Unordnung immer größer, und Sebastian bekommt immer mehr Angst davor, aufzuräumen. Auch beim Recherchieren für seinen Auftrag ist er nicht erfolgreich. Einerseits kann er sich in dem angerichteten Chaos nicht richtig konzentrieren. Andererseits kann er sich nicht entscheiden, welche Informationen wichtig sind und zudem hat er zu viel neues Material kommen lassen, für das er eigentlich gar keinen Platz hat. Statt aber nun die alten Akten beiseitezuschieben, um räumlich und mental Platz für die neue Aufgabe zu schaffen, schichtet er alles aufeinander. Ergebnis: Er verliert völlig den Überblick, sucht ständig nach irgendwelchen Dokumenten und weiß bald gar nicht mehr, an welchem Ende er anfangen soll.

Einfach ineffizient

Ob bei Ihnen nun perfekte Ordnung oder extreme Unordnung herrscht: Beides verhindert, dass Sie gut arbeiten können. Denn letztlich kommt es darauf an, dass Ihr Ordnungssystem seinen Zweck erfüllt. Wenn das Sammeln, Ablegen und Sortieren jedoch Ausmaße annimmt, die jede Funktionalität übersteigen, dann ist das schlicht nicht mehr effizient: Wie viel Zeit würden Sie verschwenden, wenn Sie wie Benjamin ein spezielles Ordnungssystem mit Listen und Regeln schaffen würden? Und falls Sie es für ineffizient halten, eine einzelne abgearbeitete Akte von Ihrem Schreibtisch zurück ins Archiv zu bringen und warten wollen, bis sich der Gang wirklich lohnt: Dann hätten Sie bald ähnliche Probleme wie Sebastian, der mehr Effizienz schaffen wollte, aber letztlich nicht mehr zurechtkam.

Man sollte eigentlich denken, dass perfektionistische Pedanterie und völliges Chaos, das sogenannte Messie-Syndrom (von engl. mess = Unordnung, Dreck,

Schwierigkeiten) nichts miteinander zu tun haben. Aber paradoxerweise ergeht es vielen Messies ähnlich wie dem Perfektionisten Sebastian: Sie wollen nichts wegwerfen, was sie noch brauchen könnten, können sich daher nicht entscheiden, was sie wegwerfen sollen und fürchten sich gleichzeitig immer mehr davor, einmal mit dem Aufräumen anzufangen, da sie glauben, das nicht mehr schaffen zu können.

Tipp Wenn Sie wirklich dauerhaft effizient und mit Freude arbeiten wollen, sollten Sie sich ein neues Ordnungssystem angewöhnen, mit dem Sie tatkräftig und effizient jede Unordnung in den Griff kriegen.

Aber nicht nur die Effizienz leidet, sondern auch Ihre Lebensqualität. „Ich bin ja nicht bei der Arbeit, um Spaß zu haben" – formt sich in Ihrem Kopf gerade dieser Gedanke? Führen Sie ihn nicht zu Ende – nicht nach allem, was Sie über Eustress und Flow gelesen haben und darüber, wie wichtig die Freude an Ihrer Arbeit auch für Ihre Produktivität ist. Tatsache ist jedenfalls: Mit Rigidität, dem strengen Festhalten an einem vorgegebenen Denkschema, machen Sie sich die Freude an Vielem kaputt – auch an Ihrer Arbeit. Wenn der Speiseplan in der Kantine beispielsweise Hähnchen versprochen hat, tatsächlich aber Ihr absolutes Lieblingsgericht Gulasch serviert wird – wie reagieren Sie? Und was passiert, wenn Sie sich auf ein bestimmtes Projekt eingestellt haben, aber nun ein anderes übernehmen sollen, das eigentlich Ihren Fähigkeiten viel eher entspricht? Über beides könnten Sie sich freuen – aber wenn Sie rigide an dem festhalten, was Sie sich vorgestellt haben, werden Sie sich vermutlich ärgern und sich damit die Freude über Ihr Lieblingsessen oder das tolle Projekt selbst verderben.

Wie Sie Dinge geregelt kriegen

Daher Hand aufs Herz: Wäre es wirklich so schlimm, etwas weniger ordnungsliebend zu sein und etwas weniger stur an dem festzuhalten, was Sie sich vorgenommen haben? Was würde tatsächlich passieren, wenn Sie Ihre perfektionistischen Maßstäbe in diesem Punkt ein wenig korrigieren? Perfektionisten benötigen ein System, das zwar Ordnung schafft, aber nicht zu viel Zeit kostet. Der Management-Berater David Allen hat solch ein effizientes Ordnungssystem erdacht, das sogenannte Getting-Things-Done (GTD). Sie können es an Ihrem Arbeitsplatz einführen, ganz egal, ob Sie als Selbstständiger in Ihrem eigenen Büro arbeiten oder angestellt sind.

Tipp

Insgesamt sollte es Sie nicht weniger als drei Minuten kosten, etwas aus dem Eingangsbehälter zu nehmen und es so abzulegen, dass Sie es jederzeit gut wiederfinden können. Das erfordert eine entsprechende Einrichtung – beispielsweise keine Regale bis zur Decke, bei denen Sie erst auf einen Stuhl steigen müssen, um die Ordner zu erreichen. Und wenn Sie nun einwenden, dass Sie nicht genug Platz haben, um Ihre Akten optimal anzuordnen: Je mehr Stauraum Sie einplanen, desto mehr werden Sie diesen auch mit irgendwelchen Dingen füllen. Planen Sie also nur so viel Stauraum wie notwendig.

Ablage

Sie brauchen drei Ablagebehälter für Papiere. Zu den Papieren zählt in diesem Fall alles, was Ihnen bei Ihrer Arbeit in die Quere kommt, von wichtigen Dokumenten über Zeitschriftenartikel bis zu Werbung und fliegenden Blättern. Besorgen Sie sich je einen Ablagebehälter für eingehende, einen für ausgehende Dokumente, Informationen, Briefe usw., und einen für Material, das Sie noch durchsehen wollen. Bemessen Sie die Ablagen nicht zu großzügig. Wenigstens ein- bis zweimal in der Woche sollten Sie Ihre Körbe durchsehen und die Papiere in Ihr System einordnen oder wegwerfen. Wenn Sie länger sammeln, müllen Sie sich zu, und es entsteht Chaos. Zu diesem Zweck sollte die Ablage auch gut sichtbar sein, damit Sie die zu erledigenden Arbeitsgänge stets im Blick haben.

Sie benötigen außerdem einen Papierkorb, in den Sie rigoros werfen, was Sie nicht mehr brauchen und den Sie regelmäßig leeren: Wegschmeißen ist immer noch die effizienteste Form, Ordnung zu halten. Und falls Sie Angst haben, dass Sie hinterher möglicherweise doch noch etwas davon brauchen könnten: Wenn Sie nichts wegwerfen, werden Sie auf Dauer das Gesuchte ohnehin nicht mehr finden!

Archivierung

Außerdem brauchen Sie ein gutes Archivierungssystem für Ihre Papiere. Hier kommt es auf Ihren Chef, Ihre Bedürfnisse, Ihren persönlichen Geschmack und den Stauraum an, denn es gibt Ordner und Regale, Schränke mit Schiebetüren, Stehsammler oder Aktenschränke mit Hängeregistern. Erstere sind preiswerter und Platz sparender, in Letzteren können Sie Ihre Papiere schneller ordentlich unterbringen und wiederfinden.

STOP

Die meisten Menschen neigen dazu, Ihre Unterlagen thematisch zu sortieren. Aber dieses System macht es deutlich schwieriger, Dinge wiederzufinden!

Haben Sie nicht auch schon einmal überlegt, ob ein Dokument nun besser zu diesem oder jenem Thema gehört oder wo Sie es hinterher suchen sollen? Besser: Sortieren Sie alphabetisch. Sie können die Unterlagen dann wahlweise nach Person, Projekt oder übergeordnetem Thema sortieren. Wenn Sie dann vergessen haben, wo Sie die Unterlagen abgelegt haben, müssen Sie nur nach dem betreffenden Buchstaben in einer dieser drei Kategorien suchen. Angenommen Sie suchten den Vertrag mit Kunde A über Projekt C zum Themenkreis W. Wenn Sie Ihre Unterlagen nach Personen sortieren, dann stecken Sie den Vertrag unter A. Wenn Sie nach Projekten ordnen, stecken Sie ihn unter C. Aber selbst wenn Sie etwas chaotisch sind und Ihre Unterlagen das eine Mal nach Personen einsortieren, das andere Mal – weil zum Beispiel keine Personen genannt sind – nach Themen oder Projekten, dann kann der Vertrag nur bei A, C oder W liegen.

Nur keinen Stress!

Als Perfektionist haben Sie vermutlich von einer Sache mehr als Ihnen lieb ist: nämlich Stress! Ein hochprozentiger Hormoncocktail, der auf Ihren Körper wirkt – Nebenwirkungen inklusive. Für Ihren Körper spielt es dabei keine Rolle, ob Sie Ärger mit dem Chef haben oder auf dem Heimweg beinahe von einem Auto überfahren werden – jede dieser Situationen ist eine gefühlte Bedrohung und Ihr Organismus schüttet den Hormoncocktail aus. Am Arbeitsplatz entfalten die Stresshormone ihre Wirkung aber besonders stark.

Stressfaktoren

Fluchen Sie nicht auch manchmal gewaltig, wenn wieder einmal ununterbrochen das Telefon klingelt? Und haben Sie nicht einen übervollen Terminplan, der eingehalten werden will? Und war da nicht noch Projekt X, das Sie unbedingt beim Chef durchboxen wollten? Aber Hand aufs Herz: Solange Sie das Gefühl haben, Sie können Ihre Arbeitsabläufe selbst bestimmen, schaffen Sie auch Ihr Arbeitspensum, und Ihre Arbeit wird geschätzt, beflügelt Sie der Hormoncocktail wahrscheinlich sogar – positiver Eustress eben.

Druck von außen

Wirklich stressig wird Ihre Arbeit aber, wenn Sie das Gefühl haben, Sie können selbst nicht bestimmen, was Sie tun oder Ihr Einsatz wird nicht anerkannt. Wenn der Chef Sie ständig kritisiert, statt Sie zu loben. Wenn Sie sich mit Ihren Kollegen nicht verstehen. Oder wenn Sie merken, dass in der Firma grundsätzlich etwas schiefläuft und Ihre Verbesserungsvorschläge nicht gehört werden. Denn dann macht sich Disstress breit und Ihre Motivation, die anfängliche Begeisterung für eine Sache, schwindet allmählich.

> Verhaltensmediziner haben in europaweiten Studien sogar nachgewiesen, dass bei 30 Prozent der Beschäftigten Stresshormone und Blutdruck deutlich erhöht sind, wenn sie sich ohne Lob abstrampeln. Das beweist: Ein schlechter Chef, mobbende Kollegen und miserable Arbeitsbedingungen können erhebliche Stressfaktoren sein.

Nicht immer liegen die Ursachen für den externen Stress direkt in der Firma. Gerade wenn die wirtschaftliche Situation insgesamt schlecht ist, wenn in den Medien immer wieder von Wirtschaftskrise und Rezession die Rede ist, dann erhöhen sich die Stressfaktoren. Ein zu niedriges Einkommen etwa, oder die Angst um den eigenen Arbeitsplatz treiben Perfektionisten dazu, alles noch besser machen zu wollen – schließlich will man ja seinen Job behalten. Da wird aus dem produktiven Arbeiten schnell ein ständiges Getriebensein und ein regelrechter Wettlauf um die Gunst des Chefs entbrennt. Manche Chefs und die eigenen, ebenfalls panischen Kollegen schüren diese Ängste noch zusätzlich. Eine Patentlösung für solche Situationen gibt es nicht. Und daran, dass Stress häufig von externen Faktoren verursacht wird, gibt es nichts zu beschönigen.

Stress – hausgemacht!

Aber Perfektionisten, die alles unter Kontrolle haben wollen, erhebliche Ansprüche an sich selbst stellen und zudem dazu neigen, Dinge vereinfacht zu sehen, sind besonders anfällig für solche Stressfaktoren. Da ist zunächst der Hang zu hohen Ansprüchen und übertriebener Selbstkritik. Wenn Sie keine Lösung für ein Problem finden oder der Aktenberg auf dem Schreibtisch nicht kleiner werden will, dann waren Sie vermutlich faul oder sind einfach unfähig – nicht wahr? Wenn Sie Ihr Zeitbudget um fünf Minuten überschritten haben, weil der Computer Probleme gemacht hat, ist das eine Katastrophe – oder wie sehen Sie das? Und wenn der Chef einmal am Tag bei Ihnen im Büro vorbeischaut und sich, statt Sie zu loben, nach dem Fortgang des Projekts erkundigt und zudem noch eine Kritik an Ihrer Arbeit vorbringt – denken Sie möglicherweise, dass der Chef Ihnen einfach nichts zutraut und Sie nächste Woche bestimmt entlassen werden?

Manche Perfektionisten machen auf diese Weise aus jeder Mücke einen Elefanten, der ihren Stresshormonspiegel erheblich in die Höhe treibt. Ein ganz normaler Arbeitstag wird dann schnell zu einer einzigen Aneinanderreihung von Stresssituationen. „Moment mal", sagen Sie vielleicht, „mir geht es gut dabei, und ich brauche das sogar!", Dass Eustress durchaus positiv sein kann und warum das so ist, haben Sie ja bereits erfahren. Daher sollten Sie stressige Situationen auf keinen Fall meiden; viel wichtiger ist aber, wie Sie mit dem Stress umgehen. Auch hier gilt: Alles im richtigen Maß.

STOP Vor allem können Sie als Perfektionist mit Ihrem Hang zum Pessimismus und Katastrophieren aber eines besonders gut: Sich eine schon vorhandene Situation noch schlimmer reden, als Sie eigentlich ist. Und sie auf diese Weise noch stressiger machen!

Christina, Koordinatorin für Auslandseinsätze in einer internationalen Organisation, hat daran nicht gedacht. Ihr vollgepfropfter Terminkalender lässt kaum noch Raum für spontane Aufgaben. So gerät sie völlig außer sich, als der Chef ihr an der Essensausgabe kurz mitteilt: „Morgen im Meeting werden Sie über den erfolgreichen Einsatz letzte Woche berichten. Es soll nur ein kurzer Bericht werden, keine Sorge." Aber Christina ist schlagartig der Appetit auf das Mittagessen vergangen, und sie verzichtet auf die wichtige Energiezufuhr. „Natürlich muss der Bericht absolut perfekt sein, schließlich hängt von der Zufriedenheit des Chefs auch ab, ob ich ein neues Projekt bekomme", spornt sie sich mit ihren hohen Ansprüchen selbst an und macht sich an das Abfassen eines Skriptes und die Ausgestaltung einer Präsentation. Als sie endlich fertig ist, muss sie noch ihre liegen gebliebenen Arbeiten erledigen. Viel zu spät macht sie Feierabend. Doch auch zu Hause kann sie nicht abschalten. Ihre Gedanken kreisen immer wieder um die morgige Präsentation und die Frage, ob auch ja alles perfekt ist. In der Nacht findet sie keinen Schlaf.

Dabei sind Abbauen von Stress und Entspannung lebensnotwendig. Eine einfache, aber effektive Möglichkeit, das zu schaffen: nichts tun oder wegfahren. Es funktioniert, aber nicht immer ist das möglich. Kommt Ihnen diese Situation bekannt vor? Sie sitzen auf dem Sofa, ein kühles Bierchen in der Hand, im Fernsehen läuft ein spannender Krimi – und Sie denken an Ihr aktuelles Projekt? Dann geht es Ihnen wahrscheinlich wie vielen anderen Menschen, denen es auch nicht immer gelingt, den Arbeitsstress in der Freizeit auch gedanklich hinter sich zu lassen. Gerade Perfektionisten, die ständig hohe Anforderungen an sich stellen und einen gewissen Hang zum Grübeln haben, sind davon betroffen.

Entspannung

Da hilft nur eines: Den Stress aktiv und tatkräftig bekämpfen, um damit die perfektionistischen Denkmuster zu durchbrechen. Eine Möglichkeit: Konsequentes Ausdauertraining, das Ihrem Körper hilft, das Herz-Kreislauf-System zu aktivieren. Hat der Körper im Stresszustand zu viel Energie, kann sich der Organismus durch die körperliche Anstrengung abreagieren. Außerdem wird das vegetative Nervensystem ausgeglichen, und Sie finden eher zur inneren Ruhe. Zudem werden beim Ausdauertraining Glückshormone wie Endorphine ausgeschüttet. Deshalb sorgt das Training für eine bessere Stimmung und macht den Organismus widerstandsfähiger gegen Stress. Auf diese Weise stärkt Bewegung auch das Immunsystem und Sie werden seltener krank. Schließlich hat regelmäßiges Training auch Auswirkungen auf den Blutdruck, der bei stressgeplagten Perfektionisten häufig recht hoch ist. Es sorgt für eine bessere Durchblutung und eine verbesserte Versorgung mit Sauerstoff. Außerdem werden die Blutgefäße gestärkt; dadurch wird das Risiko eines Herzinfarktes deutlich vermindert.

Tipp

Eine gute Übung gegen Druck und Stress: Humor und Lachen. Denn Humor hilft, auch in scheinbar aussichtslosen Situationen nicht zu resignieren, sondern den psychischen Druck abzubauen und die Dinge aus einem neuen Blickwinkel zu betrachten, Einstellungen zu korrigieren und neue Ressourcen zu entdecken. Das hat ganz einfache biologische Gründe: Lachen lockert das Zwerchfell, unseren wichtigsten Atemmuskel. Und richtiges Atmen entspannt Körper und Geist. Probieren Sie es aus!

Was können Sie tun?

Für Sie als Perfektionisten sind vor allem Ausdauersportarten gut, die Sie selbstbestimmt und ohne Druck von außen durchführen können. Das sind beispielsweise Joggen, Walken, Nordic Walking, Radfahren, Inline Skaten, Rudern, Langlauf – aber auch aktive Fitnesskurse wie Aerobic oder Tae Bo. Doch Achtung: Gerade perfektionistische Naturen mit hohen Ansprüchen geraten auch beim Sport schnell unter Leistungsdruck. Natürlich ist es wichtig, dass Sie sich überhaupt zum Sport aufraffen; setzen Sie sich aber keine zu ehrgeizigen Trainingsziele, denn wichtig ist in erster Linie, dass die Bewegung Ihnen Spaß macht und Ihnen guttut. Daher sind auch Ballsportarten wie Fußball, Basketball oder Handball eher ungeeignet für Sie, da diese Spiele oft eine aggressive Spielweise verlangen und ein gewisser Konkurrenzdruck herrscht.

Suchen Sie keine Ausreden wie: „Ich habe keine Zeit zum Sport, weil ich so viel arbeiten muss!“ Spätestens beim Lesen dieses Kapitels sollte Ihnen klar geworden sein, wie wichtig Entspannungsphasen für Ihre Leistungsfähigkeit sind. Wenn nicht, sollten Sie noch den Abschnitt zum „Planen und Organisieren“ lesen. Schrauben Sie Ihre perfektionistischen Ansprüche bei der Arbeit herunter und reservieren Sie etwas freie Zeit für ausgleichende Bewegung – davon haben Sie mehr, aber auch Ihr Chef. Wie Sie diese Zeit trotz Ihres übervoll scheinenden Terminplans herausschlagen, erfahren Sie noch. Wenn Sie nicht recht wissen, mit welchem Sport Sie anfangen sollen, treten Sie in einen Verein oder ein Fitnessstudio ein. Viele Krankenkassen bieten mittlerweile für Präventionsmaßnahmen eine Kostenerstattung bis zu 90 Prozent an – erkundigen Sie sich bei Ihrer Kasse.

Entspannung zwischendurch

Wenn Sie merken, dass der Stress allmählich die Oberhand gewinnt, Sie aber noch den Rest des Tages im Büro sitzen müssen, können Sie dennoch auf die Schnelle ein Anti-Stress-Programm starten: Sehr gut geeignet – und im Büro auch relativ unauffällig durchzuführen – ist die von dem amerikanischen Mediziner Edmund Jacobson entwickelte progressive Muskelentspannung.

Bei den Übungen werden einzelne Muskelgruppen nacheinander angespannt, die Spannung wird kurz gehalten und der Muskel danach wieder gelockert. Sie konzentrieren sich dabei ausschließlich auf den Wechsel zwischen Anspannung und Lockerung und auf die Empfindungen, die mit der Anspannung einhergehen. Das Ziel dieser Übungen ist eine verbesserte Körperwahrnehmung und gleichzeitig eine Entspannung der Muskulatur. Durch die Entspannung der Muskulatur können auch andere Zeichen körperlicher Unruhe oder Stress, wie beispielsweise Herzklopfen, Schwitzen oder Zittern, reduziert werden.

Die Kurzfassung der Übung dauert nur etwa drei bis vier Minuten. Längere Varianten mit 17 Grundübungen brauchen circa 20 bis 25 Minuten, wobei sich mit etwas Übung die Zeit auch verringern kann. Achten Sie darauf, dass während der Übungen mögliche Störfaktoren ausgeschaltet werden. Außerdem sollten Sie nicht durch Kleidungsstücke, Brillen, Uhren oder Ähnliches eingeengt werden. Viele Menschen können mit geschlossenen Augen besser entspannen. Es spielt aber keine Rolle, ob die Augen offen oder geschlossen sind. Ebenso wenig müssen Sie auf Ihre Atmung achten, da mit einsetzender Entspannung die Atmung sich anpasst und dadurch ruhiger, regelmäßiger und tiefer wird.

Spannen Sie akut schmerzende Muskelgruppen nicht an. Sollten Muskeln beim Anspannen schmerzen, sollten Sie sofort aufhören. Lassen Sie schmerzende Muskelgruppen aus oder versuchen Sie, die betroffenen Gruppen passiv zu beanspruchen, indem Sie die Anspannung nur gedanklich vornehmen. Die gesamte Übung sollte nicht länger als 25 Minuten dauern, da ansonsten die Konzentration stark beeinträchtigt ist und Langeweile aufkommen kann. Dadurch leidet die Qualität der Übungen.

To do

17 Muskelgruppen werden nacheinander angespannt und wieder gelockert. Die Phase der Anspannung sollte dabei rund 5 bis 7 Sekunden dauern, in den Füßen etwas kürzer. Längeres Anspannen kann schnell zu Muskelkrämpfen führen. Nach dem Lockern einer Muskelgruppe sollten Sie mindestens 10, besser aber 20 bis 30 Sekunden Pause machen, um die Entspannung wirken zu lassen. Spannen Sie die Muskeln bei einem vollen Turnus zweimal in folgender Reihenfolge an:

- 1. Rechte Hand und rechter Unterarm: Ballen Sie Ihre Hand zur Faust.
- 2. Rechter Oberarm: Drücken Sie den angewinkelten Ellbogen auf Ihre Unterlage. Oder: Oberarm an den Oberkörper drücken.
- 3. Linke Hand und linker Unterarm: Durchführung wie 1.
- 4. Linker Oberarm: Durchführung wie 2.
- 5. Stirn: Heben Sie Ihre Augenbrauen so stark wie möglich.
- 6. Obere Wangenpartie und Nase: Rümpfen Sie die Nase und kneifen Sie die Augen zusammen.
- 7. Untere Wangenpartie und Kiefer: Zähne zusammenführen (Überspannung vermeiden) und die Mundwinkel stark zurückziehen. Hinweis: Die Zunge liegt locker in der Mundhöhle. Wenn Ihre Zunge angespannt ist, dann drücken Sie die Zunge 5-7 Sekunden gegen den oberen Gaumen und lockern Sie anschließend die Zunge wieder.
- 8. Nacken und Hals: Drücken Sie das Kinn auf die Brust und verhindern Sie gleichzeitig, dass das Kinn die Brust berührt.

- 9. Brust, Schultern und obere Rückenpartie: Drücken Sie die Schulterblätter hinten zusammen. Oder: Ziehen Sie beide Schultergelenke nach vorne.
- 10. Bauchmuskulatur: Machen Sie den Bauch hart wie ein Brett. Oder: Ziehen Sie die Bauchdecke so weit wie möglich nach innen. Oder: Drücken Sie die Bauchdecke fest nach außen.
- 11. Gesäß- und Beckenbodenmuskulatur: Spannen Sie die Gesäß- und Beckenbodenmuskulatur so fest wie möglich an. Kneifen Sie dafür die Pobacken fest zusammen.
- 12. Rechter Oberschenkel: Drücken Sie Kniekehle und Oberschenkel gegen eine feste Unterlage.
- 13. Rechter Unterschenkel: Ziehen Sie die Zehen hoch, die Ferse sollte dabei am Boden bleiben.
- 14. Rechter Fuß: Krallen Sie die Zehen vorsichtig ein.
- 15. Linker Oberschenkel: Durchführung wie 12.
- 16. Linker Unterschenkel: Durchführung wie 13.
- 17. Linker Fuß: Durchführung wie 14.

Genießen Sie nach den Übungen, wenn Sie den kompletten Durchgang beendet haben, den Entspannungszustand noch eine Weile. Um die Muskelentspannung abzuschließen, strecken Sie sich ausgiebig und atmen Sie noch einmal tief durch. Eventuell können Sie sich selber überprüfen, indem Sie alle Muskelgruppen gedanklich noch einmal passiv durchgehen und testen, ob die entsprechenden Gruppen auch wirklich gelockert sind.

Tipp

Haben Sie nur wenig Zeit, können Sie die Übung auch verkürzen, nur einen An- und Entspannungsdurchgang machen oder einige der 17 Muskelgruppen zusammen trainieren, nämlich: Beide Hände, Unterarme und Oberarme, Gesichts- und Nackenmuskulatur, Brust, Schultern, Rücken, Bauch-, Gesäß- und Beckenbodenmuskulatur sowie beide Oberschenkel, Unterschenkel und Füße.

Zeit ist Geld

Jetzt verrate ich Ihnen etwas: Dass Sie einen Ordnungsfimmel haben oder hohe Ansprüche an sich selbst stellen, ist eigentlich kein Problem. Sie müssten auch keinen Stress oder Angst vor Fehlern haben … „Warum habe ich dann das Buch bis hierhin gelesen und brav alle Tipps beherzigt?“, stöhnen Sie vielleicht. Lassen Sie mich das erklären: All diese Dinge wären eigentlich kein Problem, wenn Sie im Gegenzug dafür eines unbegrenzt hätten: die Zeit – all die Dinge mit der Sorgfalt zu tun, die Ihnen als Perfektionisten angemessen erscheint.

Zeitmangel – das Hauptproblem vieler Perfektionisten

Im Job geht es häufig darum, Dinge möglichst schnell zu erledigen. Und vergessen Sie nicht: Auch Ihre Lebenszeit ist begrenzt. Um dennoch alles zu schaffen, was sie sich vorgenommen haben, hetzen viele Perfektionisten geradezu durch den Tag und werden durch den unaufhaltsam vorrückenden Uhrzeiger immer weiter angetrieben.

Die Angst, Prioritäten zu setzen

So wie Angela, Redakteurin einer Zeitschrift: Sie steht jeden Morgen bereits um sechs Uhr auf, weil Sie um sieben Uhr im Büro sein will, um wichtige Dinge abzuarbeiten, bevor gegen neun Uhr das Telefon unaufhörlich zu klingeln beginnt. Um elf Uhr ist Redaktionskonferenz, danach Mittagessen. Auch nachmittags gelingt es ihr meist nicht wirklich, weiter an ihren Artikeln zu arbeiten: Mal hat sie Termine, mal sind zusätzliche Meetings angesetzt, mal hat der Chefredakteur noch einen dringenden Auftrag. Kürzlich gab es am Tag vor Redaktionsschluss plötzlich Probleme mit dem EDV-System. Leider hatte eine der Praktikantinnen den Artikel noch nicht abgespeichert und der zuständige Kollege war schon nach Hause gegangen. „Könnten Sie das nicht schnell neu schreiben …“, fragte der Chefredakteur. Angela konnte – bis ein Uhr nachts. Dann fuhr sie todmüde nach Hause. Aber auch sonst gibt es kaum Abende, an denen sie vor 21 Uhr zu Hause ist und selbst dann fragt sie sich oft genug, ob sie wohl alles richtig gemacht hat und hat ein schlechtes Gewissen, dass sie doch nicht alles geschafft hat. Für ihren Freund bleibt da kaum noch Zeit, geschweige denn für Freunde. Und obwohl Angela sich bewusst ist, dass ihr soziales Leben unter der Arbeit leidet und dass sie Raubbau an ihrer Gesundheit betreibt, kann sie nicht anders.

Viele Perfektionisten werden von ihren eigenen Ansprüchen getrieben: Angela etwa steht auch deshalb jeden Morgen so früh auf, weil sie ihren Artikel nicht einfach irgendwie gut, sondern sehr gut schreiben möchte. Wie Irene, unser Beispiel aus dem Kapitel „Downshifting", glaubt sie fatalistisch, es könnte etwas wirklich Schlimmes passieren, wenn sie ihre hohen Ansprüche auch nur einen Deut herunterschraubt. Daher benötigt sie für jede Aufgabe wesentlich länger, als es vernünftig wäre.

Dahinter steckt die Angst, Fehler zu machen und, damit verbunden, eine gewisse Unentschlossenheit – mit höchst negativen Auswirkungen auf die Arbeitsorganisation vieler Perfektionisten. Denn wenn Sie allen Aufgaben perfekt gerecht werden wollen, schaffen Sie es nicht, Prioritäten zu setzen und zu entscheiden, was zuerst gemacht werden muss und was weniger wichtig ist. Stattdessen verzetteln Sie sich in Ihren Aufgaben.

Stellen Sie sich vor, Sie müssten eine Kundenbeschwerde bearbeiten, ein Projekt organisieren und eine Präsentation ausarbeiten, die Sie morgen halten sollen. Doch ist es nicht Ihr Ziel, sich bei Ihrem Chef im besten Licht darzustellen? Ist nicht das gute Gelingen der Präsentation für dieses Ziel am dienlichsten, hat absolute Priorität und muss sofort erledigt werden? Ist das Projekt nicht auch sehr wichtig, hat aber noch ein wenig Zeit? Tatsächlich haben nicht wenige Perfektionisten, die sich eher auf Details konzentrieren und dabei gern das eigentliche Ziel aus den Augen verlieren, damit Probleme, Prioritäten zu setzen.

Vorsicht Falle: Typisch perfektionistische Zeitfresser

Neben dem Grundproblem, keine Prioritäten setzen zu können, tappen Perfektionisten jeden Tag in eine Reihe von weiteren Zeitfallen.

Die Angst, entbehrlich zu sein

Stellen Sie sich nun vor, dass zu dem bereits vorhandenen Stress noch weiterer hinzukommt, etwa, weil Ihr Chef Sie bittet, noch schnell eine spezielle Aufgabe für ihn zu erledigen, die nur Sie schaffen können. Sie übernehmen diese ungeplante Zusatzarbeit also, denn Sie können ja nicht anders … Doch, Sie können! Wie Ihnen die nächsten beiden Kapitel noch ausführlicher zeigen werden, haben viele Perfektionisten gerade im Umgang mit anderen zwei Probleme: Zum einen fällt es ihnen schwer, anderen Menschen Bitten abzuschlagen. Zum anderen haben viele Perfektionisten Schwierigkeiten, Arbeit an andere abzugeben, denen sie nichts zutrauen. Daher halten sie sich für unersetzbar. Sie bürden sich aus diesem Grund oft Zusatzarbeiten auf, die ihren Zeitplan vollständig sprengen und ihnen noch mehr Stress verursachen. Doch dieser Stress ist vermeidbar! Begründen Sie Ihrem Chef und Ihren Kollegen vernünftig, warum Sie deren Bitten nicht nachkommen können.

Aufschieberitis – die Angst vor dem großen Berg

Wenn Sie hingegen alles perfekt erledigen wollen, was andere und auch Sie selbst erwarten, oder *immer* etwas Großes und Innovatives leisten wollen, wissen Sie bald nicht mehr, wo Sie anfangen sollen: „Oh, Gott, was ich alles zu tun habe, das schaffe ich nie!“ Kennen Sie dieses Gefühl auch? Der Berg an Arbeit, der sich da vor Ihnen aufgetürmt hat, scheint plötzlich unüberwindbar. Die beste Lösung wäre, einfach in kleinen Schritten damit anzufangen, den Berg abzutragen.

Einige Perfektionisten tun leider das genaue Gegenteil: Sie werfen plötzlich jede Vernunft und Ihren Zeitplan, sofern Sie vorher einen festgelegt haben, über Bord und beschäftigen sich mit völlig unwichtigen Dingen. Ja, sie schützen in geradezu blindem Aktionismus Geschäftigkeit vor, während sie Aufgaben, die eigentlich Priorität haben, immer weiter hinausschieben. Tatsächlich haben Managementberater festgestellt, dass mancher erschöpfte, hart arbeitende Workaholic bis zu 80 Prozent seiner Arbeitszeit mit eher unnötigen Tätigkeiten füllt: Telefonate, unnötige Meetings, Herumtragen von Unterlagen oder das Herumspielen am Computer gehören zu den bevorzugten Ablenkungsmanövern. In vielen Fällen überprüft niemand, wie effizient ein Perfektionist wirklich arbeitet und auch diesem selbst ist der fehlende Sinn hinter vielen seiner Handlungen oft gar nicht klar.

STOP

Seien Sie ehrlich: Haben Sie sich nicht auch schon dabei ertappt, eben etwas im Internet nachzuschauen, während Sie eigentlich eine wichtige Akte auf dem Schreibtisch liegen hatten? Und wie oft haben Sie sich schon mit dem Kollegen verschwätzt, obwohl Sie doch dringend einen wichtigen Kunden anrufen sollten? Vermutlich passiert das viel öfter, als Sie denken.

Einfach unerfüllbar, diese Ansprüche

Stopp! Niemand möchte Ihnen vorwerfen, dass Sie nicht hart und ausdauernd arbeiten. Ganz im Gegenteil: Wenn Perfektionisten einmal mit ihrer Arbeit angefangen haben, sind sie oft überhaupt nicht mehr zu stoppen. Denn was sie auch tun, nie ist es ihnen gut genug, und sie finden immer noch einen Grund, ihre Leistung zu verbessern. Andrea beispielsweise sitzt auch deshalb so lange an der Neufassung des Artikels, weil sie ihre Aufgabe perfekt erledigen will. Daher recherchiert sie noch in der Nacht vor Redaktionsschluss im Internet einige unwichtige Details, die sie noch einbauen will. Die Angst, sie würde den Artikel unvollkommen abgeben und jemand könnte in dem fertigen Text noch Fehler finden, wiegt für sie schlimmer als die Vernunft, nach Hause zu gehen und sich zu entspannen. Hier hilft nur eines: Werden Sie sich bewusst, was Sie mit Ihrer Zeit anfangen, wo Sie Zeit verlieren und wann Sie zu lange für eine Aufgabe brauchen.

Was sich Perfektionisten einmal vornehmen …

Doch keine Angst: Ich möchte Sie nicht dazu anhalten, zu einer Effizienzmaschine zu werden, die jeden Arbeitsschritt kritisch beäugt und jeden unproduktiven Arbeitsgang gnadenlos eliminiert. Denn bei manchen Perfektionisten birgt Zeitplanung genau diese Gefahr: Die Tendenz, sich an Regeln und ein starres Ordnungssystem zu halten, führt dazu, dass sich diese Menschen rigide an ihren (selbst erdachten) Zeitplan ketten. Sie zwingen sich mitunter regelrecht, alles frühzeitig, detailliert und dann auch unveränderbar vorauszuplanen, um Misserfolge zu verhindern. Doch gerade weil sie auch Unwichtiges besonders gut machen wollen, rauben ihnen letzte Optimierungen wertvolle Arbeitszeit und Energie.

Wenn sie dennoch nicht schaffen, was sie sich vorgenommen haben, stürzt sie das in Verzweiflung. Sie fürchten, die Kontrolle zu verlieren und sie leiden unter einem schlechten Gewissen. Im Extremfall wollen derart rigide Menschen gar nicht einsehen, dass Dinge auch ungeplant passieren können und dass sie selbst auch spontan und emotional handeln. Sie führen dann vor sich selbst allerlei logische Begründungen an, warum es dennoch passiert ist, etwa: „Es ist gut, dass gestern der Computer abgestürzt ist – die zweite Version des Artikels wird jetzt viel besser als der erste", oder auch: „Es war wichtig, dass ich heute morgen statt zu arbeiten, bei eBay herumgesurft habe – ich habe dadurch viel über Browser gelernt." Und dank solcher absurd wirkender Verknüpfungen erhalten sie dann geradezu beschwörend das Bild aufrecht, alles im Griff zu haben.

Machen Sie es besser!

Machen Sie es besser – aber nicht perfekt. Gute Zeitplanung bedeutet nicht, sich noch stärker als Sie es vielleicht ohnehin schon tun, von der Uhr oder Ihrem Timer hetzen zu lassen. Vielmehr passen Sie den Zeitplan flexibel Ihren Wünschen an. Planen Sie moderat, denn auf die richtige Mischung kommt es an.

Tipp

> Verplanen Sie nicht Ihren gesamten Tagesablauf, sondern lassen Sie etwa 40 Prozent für spontane Ereignisse frei. Dann können Sie bei Überraschungen flexibel reagieren. Wenn Sie zu stringent planen, bleibt dazu kein Raum mehr!

Darauf kommt es an

Wichtig ist auch, dass sich interessante, fordernde Aufgaben und Routineaufgaben abwechseln. Natürlich sind diese eher langweilig, aber Sie können sie automatisch und ohne viel Mühe durchführen und dabei etwas entspannen. Sind Sie bei der Planung Ihres Tagesablaufs bisher dem Leitsatz „Erst die Arbeit, dann das Vergnügen" gefolgt? Vergessen Sie das! Viele Perfektionisten übersehen gern, dass auch ihre eigenen Ressourcen zur Neige gehen und sie ihre Kraftreserven wieder auftanken müssen: Planen Sie daher Freizeit bewusst in Ihr Zeitbudget ein, aber verplanen Sie nicht Ihre Entspannungsphasen, sondern gestalten Sie sie spontan danach, worauf Sie gerade Lust haben. Und haben Sie kein schlechtes Gewissen, weil Sie Ihre Zeit nicht optimal ausgenutzt und bis zur Erschöpfung gearbeitet, sondern mit Vergnügen „vergeudet" haben. Genießen Sie Ihre Freizeit lieber bewusst mit schönen Dingen, mit der Familie und mit Freunden.

Wenn Sie Ihre Zeitplanung aktiv umkrempeln, kann es sein, dass Sie auf einige Widerstände stoßen. Vielleicht sind Kollegen sauer, weil Sie Aufgaben, die Sie bisher immer übernommen haben, nicht mehr machen wollen, oder Ihr Chef nimmt Ihnen übel, dass Sie nun früher in den Feierabend gehen. Lassen Sie sich dadurch nicht unter Druck setzen, sondern vertreten Sie Ihre Meinung mit rhetorischem Geschick: Erläutern Sie, warum übertriebener Perfektionismus und Arbeitseifer langfristig gesehen alles andere als produktiv ist – die besten Argumente dafür finden Sie in diesem Buch. Und auch die nächsten Kapitel können Ihnen helfen, Ihr perfektionistisches Verhalten im Umgang mit anderen abzulegen. Es kann aber sein, dass Sie sich selbst im Weg stehen. Die Umstellung Ihrer Arbeitsweise kostet Zeit und Geduld und funktioniert nicht von heute auf morgen. Werfen Sie also nicht gleich die Flinte ins Korn, wenn es nicht sofort klappt.

Selbstanalyse

Analysieren Sie mithilfe der folgenden Übersicht mindestens eine Woche lang Tag für Tag genau, wie Sie Ihre Zeit verbringen. Für jeden neuen Tag erstellen Sie eine Tabelle wie in dem unten gezeigten Beispiel. Notieren Sie für jede Tätigkeit die Startzeit. Tragen Sie dann die Art der Tätigkeit in Stichworten ein. Benutzen Sie für jeden Tätigkeitswechsel eine neue Zeile. Kreuzen Sie das Feld Routine an, wenn es sich um eine Routinetätigkeit handelt. Schreiben Sie in der nächsten Spalte genau auf, ob und durch was Sie bei Ihrer Arbeit unfreiwillig unterbrochen wurden und sozusagen unbewusst eine Pause gemacht haben; oder ob Sie ganz bewusst eine Pause eingelegt und sich aktiv entspannt haben. Wichtig ist, dass Sie sich diese Entspannungsphasen vor Augen führen. Tragen Sie dann in die letzte Spalte die Dauer der Tätigkeit, der Störung beziehungsweise der Pause in Minuten ein. Die Spalte „Wert“ lassen Sie zunächst noch frei.

Auch Angela aus dem Beispiel oben hat eine solche Übersicht angefertigt. Sie sieht nun zum ersten Mal, wie viel der Zeit, die sie eigentlich für das Schreiben ihres Artikels braucht, für unwichtige Dinge aufwendet. Gleichzeitig stellt sie erstaunt fest, dass sie über den Tag verteilt doch mehr Pausen macht, als sie gedacht hat und öfter mal mit den Kollegen schwätzt. Dabei hatte sie immer den Eindruck, den ganzen Tag nur zu arbeiten. Angela nimmt sich vor, diese Entspannungsphasen in Zukunft bewusster wahrzunehmen und zu nutzen. Angelas Übersicht sieht so aus:

z.B.

Wochentag und Datum: Montag, 21.01.2008					
Zeit	**Tätigkeit**	**Routine**	**Störung/Pause**	**Wert**	**Dauer**
7.00	Artikel schreiben			A	30 Min.
8.33	Anruf		Störung	D	10 Min.
8.43	Artikel schreiben			A	7 Min.
8.50	Anruf		Störung	D	5 Min.
8.55	Artikel schreiben			A	22 Min.
9.17	Anruf		Störung	D	14 Min.
9.31	Artikel schreiben			A	12 Min.
9.43	Anruf		Störung	D	8 Min.
9.51	Artikel schreiben			A	9 Min.
10.00	Zweites Frühstück		Pause		20 Min
10.20	Layout mit Kollegin besprechen	X		B	23 Min.
11.00	Redaktionskonferenz			B	69 Min.
12.09	Mittagessen		Pause		51 Min.
13.00	Unterhaltung mit Kollegen		Störung	D	17 Min.
13.17	Bilder sichten	X		C	45 Min.
14.02	Freund angerufen		Störung	D	7 Min.
14.09	Artikel schreiben			A	11 Min.
14.20	Kaffee holen		Pause		6 Min.
14.26	Präsentation ausarbeiten			A	23 Min.
14.48	Schwätzchen mit Bürokollegen		Störung	D	12 Min.
15.00	Kleine Konferenz des Ressorts			D	70 Min.
16.10	…				

Prioritäten setzen

Jetzt kommt die Spalte „Wert“ zum Tragen. Denn der Wert ist nichts weiter als die Wichtigkeit, die Sie einer Aufgabe in Ihrem Zeitplan geben. Prioritäten setzen heißt aber auch, sich *für* eine Sache zu entscheiden und *gegen* eine andere. Das können Sie nur, wenn Sie wissen, welches Ziel Sie haben und welche Arbeitsgänge für das Erreichen Ihrer Ziele notwendig sind – denn hier liegen Ihre Prioritäten.

Die meisten wichtigen Dinge sind nicht dringlich, und die meisten dringlichen Dinge sind nicht wichtig! Das ist eine simple Regel, nicht wahr? Doch leider will jeder immer alles sofort, und oft genug lassen wir uns von anderen jeck machen, wie der Kölner sagt, statt einfach in Ruhe zu überlegen, ob die Erledigung dieser oder jener Aufgabe wirklich wichtig ist. Tatsächlich sind aber wirklich wichtige Dinge selten eilig, da es meist um größere Projekte, langfristige Ziele oder Meilensteine auf Ihrem Weg geht. Natürlich kann es auch sein, dass ein wichtiges Projekt schnell zu Ende gebracht werden muss – aber Hand aufs Herz: Wie häufig kommt das vor?

Genau darauf baut das folgende Modell auf. Zeichnen Sie ein Quadrat mit vier Feldern auf ein Blatt. Alternativ können Sie das Blatt auch falten, sodass vier Felder entstehen. Wichtig ist, dass in den Feldern genug Platz für alle Aufgaben des Tages bleibt.

Zunächst überlegen Sie, welche Aufgaben wirklich dringend und wichtig sind – etwa der Artikel, der bis übermorgen fertig sein muss und keinen Aufschub mehr duldet –, eine echte A-Aufgabe also. Es kann aber sein, dass kurzfristig etwas noch Wichtigeres dazwischenkommt. Der Chefredakteur hat beispielsweise bis morgen noch Änderungswünsche. Denn dieses Aufgabensystem ist nicht statisch und unflexibel, sondern kann sich in jedem Moment verändern: Aufgaben, die nicht dringlich waren, müssen plötzlich dringend erledigt werden, und was vorher wichtig erschien, kann ganz plötzlich unwichtig werden.

B-Aufgaben sind solche, die zwar wichtig, aber nicht ganz so eilig sind. Die Redaktionskonferenz zum Beispiel ist zwar wichtig, aber sie findet jede Woche statt. Wenn Angela also einmal fehlt, wäre das nicht so schlimm. B-Aufgaben sind meist langfristige, strategische Aufgaben zur Erreichung wichtiger Ziele. Doch auch wenn diese Aufgaben nicht dringend sind, gemacht werden müssen sie auf jeden Fall. Planen Sie sie daher in Ihren Zeitplan ein und erledigen Sie sie konsequent nach Ihrem Zeitplan. Schieben Sie diese wichtigen Dinge nicht unerledigt vor sich her und verlieren Sie sie auf gar keinen Fall aus den Augen. Denn vor allem B-Tätigkeiten helfen Ihnen, Ihre Ziele zu erreichen.

Was aber hält Sie den ganzen Tag davon ab, die wichtigen A- und B-Aufgaben zu erledigen und lässt Sie abends dennoch erschöpft sein? Meist sind es C- oder sogar D-Aufgaben, die dringend erscheinen, aber eigentlich nicht wirklich wichtig sind. Natürlich ist es wichtig, die Bilder auszusuchen – aber müssen Sie das wirklich machen? Gerade hier müssen Sie konsequent Prioritäten setzen, indem Sie hinterfragen, ob diese Aufgabe für Ihre Zielsetzung wirklich relevant ist.

Wenn Sie feststellen, dass eine Aufgabe gar nicht notwendig ist, wie etwa die Ressortbesprechung, die Sie nur noch aus Gewohnheit erledigen und deren Inhalte Sie auch per E-Mail austauschen könnten, seien Sie mutig: Werfen Sie die überflüssigen D-Aufgaben in den virtuellen Papierkorb, denn diese unnötigen Tätigkeiten hindern Sie daran, das zu tun, was für das Erreichen Ihrer Ziele wirklich notwendig ist.

z.B.

Hohe Wichtigkeit	**B-Aufgaben** terminieren, bzw. delegieren Konferenz	**A-Aufgaben** sofort erledigen! Artikel schreiben
Niedrige Wichtigkeit	**D-Aufgaben** weg damit Telefonate, Ressortbesprechung	**C-Aufgaben** delegieren Bilder aussuchen
	Niedrige Dringlichkeit	Hohe Dringlichkeit

Keine Chance für Zeitfresser

Wenn Sie sich klargemacht haben, welche Dinge Ihnen wirklich wichtig sind und welche weniger, können Sie darangehen, die Faktoren zu verringern, die Sie davon abhalten, die wichtigen Dinge zu tun. Natürlich werden Sie das nicht auf einmal schaffen, sondern nur Schritt für Schritt.

To do

So kommen Sie Zeitfallen auf die Spur

Hinterfragen Sie zunächst den Sinn Ihrer zeitraubenden Aktivitäten: „Ist es wichtig, dass ich dies Aufgabe überhaupt mache?" Angela zum Beispiel bräuchte die zahlreichen Telefonate gar nicht entgegenzunehmen, denn eigentlich gibt es dafür eine Sekretärin. Allerdings waren diese Anrufe immer ihre Aufgabe, und sie hat es bislang nicht infrage gestellt.

- Doch selbst wenn eine Arbeit notwendig sein sollte – z.B. das Aussuchen der Bilder –, bleibt die Frage, ob Sie diese Arbeit wirklich selbst übernehmen müssen. In vielen Fällen könnten Sie einfache Aufgaben durch jemand anders erledigen lassen (mehr dazu erfahren Sie noch). Angela könnte die Bilder zumindest von einer Praktikantin vorsortieren lassen und den Auswahlprozess dadurch erheblich beschleunigen.
- Sie können sich aber auch fragen, ob Sie eine Arbeit unbedingt jetzt erledigen müssen. Wenn zum Beispiel am nächsten Tag Redaktionsschluss ist, ist es unnötig, dass sich das Ressort ausgerechnet heute trifft, um die Artikel für die übernächste Ausgabe zu planen. Und auch Sie haben sicherlich zwischendurch die eine oder andere Leerlaufphase, in der Sie Arbeiten ohne festen Termin erledigen können. Ihre persönliche Analyse zeigt Ihnen, wo diese liegen. Planen Sie gezielt diese eher unwichtigen Aufgaben, in solchen Phasen zu erledigen.
- Um Zeit zu sparen, sollten Sie darüber hinaus analysieren, ob Sie die Aufgaben auf effiziente Art und Weise erledigen. Überprüfen Sie, ob Sie nicht aus purer Gewohnheit auf eine umständliche Art arbeiten. Überlegen Sie, wie Sie diese Arbeitsweise vereinfachen und damit effizienter gestalten können, ohne dass das Ergebnis leidet. Setzen Sie technische Hilfsmittel wie eine geeignete Software ein oder automatisieren Sie Arbeitsabläufe etwa dadurch, dass Sie auf Ihrem Computer häufig benutzte Funktionen direkt einstellen (in Office-Anwendungen beispielsweise funktioniert das mit Makros).
- Nur wenn Sie am Ende Ihrer Analyse feststellen, dass Sie die Arbeit wirklich selbst und unbedingt jetzt und auf diese Weise erledigen müssen, sollten Sie das tun.

Arbeiten en bloc

Am sinnvollsten organisieren Sie kleinere Arbeiten und Routinetätigkeiten, wenn Sie diese in Blöcken zusammenfassen. Dahinter steckt folgender Gedanke: Für jede Arbeit, die Sie beginnen, benötigen Sie Vorbereitung und eine Anlaufzeit. Sie müssen beispielsweise Unterlagen heraussuchen und diese zurechtlegen, sich einlesen, sich gedanklich mit dem Thema beschäftigen, den Computer hochfahren und vieles mehr. Wenn Angela die Telefonate und das Schreiben des Artikels in jeweils einem Block zusammengefasst hätte, wäre Sie beim Schreiben nicht ständig unterbrochen worden und hätte produktiver arbeiten können. Sie könnte das dadurch erreichen, indem sie festlegt, dass sie nur zu festgesetzten Zeiten telefonisch erreichbar ist.

Gegen „Aufschieberitis" vorgehen

Wenn Sie bei Ihrer Analyse festgestellt haben, dass Sie zwar eigentlich eine bestimmte Aufgabe erledigen sollten, sich aber immer wieder ablenken lassen, ist es wahrscheinlich, dass Sie die Arbeit vor sich herschieben. Vielleicht weil Sie den Sinn dahinter nicht verstehen, Ihnen Informationen fehlen, Sie über- oder unterfordert sind; oder weil Sie als Perfektionist nicht wissen, wo Sie anfangen sollen. Analysieren Sie, warum Sie diese wichtige Aufgabe so ungern erledigen, bevor Sie dann mit einem Acht-Punkte-Plan der Aufschieberitis zu Leibe rücken:

8-Punkte-Plan gegen Aufschieberitis

- Unangenehme Tätigkeiten erledigen Sie sofort. Was weg ist, ist weg, und wenn Sie die Aufgabe erst einmal abgeschlossen haben, können Sie viel befreiter Angenehmeres erledigen.
- Legen Sie sich alles zurecht, was Sie für die Erledigung der unangenehmen Arbeit brauchen – Büromaterial, Papier, Computer. Dann haben Sie schon bereits etwas getan. Dann tun Sie nichts. Irgendwann haben Sie vom Nichtstun genug und fangen einfach an.
- Setzen Sie sich selbst einen Termin, bis wann Sie die Arbeit erledigt haben wollen!
- Sie verstehen nicht, warum Sie die Aufgabe machen müssen oder kennen die Hintergründe nicht: Fragen Sie nach, beschaffen Sie sich Informationen.

- Machen Sie sich bewusst, was Sie durch das Aufschieben verlieren: Ansehen beim Chef, ein wichtiges Projekt – wenn Sie den Termin nicht einhalten – oder einfach nur Ihre Ruhe, weil Sie insgeheim doch immer an die unerledigte Aufgabe denken.
- Sie haben Probleme anzufangen? Zerlegen Sie große, zunächst unüberschaubar scheinende Aufgaben in kleinere Abschnitte – und plötzlich geht es wie von selbst.
- Stellen Sie sich nach getaner Arbeit eine Belohnung in Aussicht – damit motivieren Sie sich selbst. Das kann etwas Materielles sein, etwas Schönes, das Sie sich kaufen wollen, aber auch ein schöner Abend mit Freunden oder der Familie.
- Bei kleineren Aufgaben zwischendurch: Erst eine Sache beenden, dann eine andere beginnen. Wenn Sie das nicht tun, werden Sie immer im Hinterkopf haben, dass noch etwas unerledigt liegen geblieben ist. Das behindert Sie gedanklich bei Ihrer weiteren Arbeit. Bei größeren Projektaufgaben: Diese sinnvoll einteilen und zur Entspannung mit kleineren Routinetätigkeiten abwechseln, denn alles auf einmal geht nicht.

Tagesablauf – gut geplant ist halb gewonnen

Wenn Sie nun wissen, nach welchen Kriterien Sie den Aufwand für Ihre Aufgaben bemessen, können Sie sich der eigentlichen Zeitplanung widmen. Schriftlich. Das hat mehrere Vorteile: Zum einen visualisieren Sie Ihre Aufgaben und auch die Zeitdauer, die dafür vorgesehen ist, und halten dadurch Ihre eigenen Vorgaben besser ein. Verlassen Sie sich nicht darauf, dass Sie schon alles im Kopf haben. Wenn Sie Ihre Termine schriftlich fixiert haben, können Sie, wenn Sie plötzlich umplanen müssen, viel besser neue Termine festlegen und die Wahrscheinlichkeit, dass Sie Termine vergessen, wird geringer.

Die Reihenfolge Ihrer Aufgaben

Legen Sie zunächst die Reihenfolge der Aktivitäten fest. Orientieren Sie sich dabei zunächst an der Priorität, die Sie persönlich den einzelnen Aufgaben beimessen. Halten Sie dann für jede Aktivität die Zeitdauer fest. Dabei gilt: Wie lange eine Sache dauert, ist nicht unbedingt von der Aktivität abhängig. Eher gilt, dass eine Sache so lange braucht, wie Zeit zur Verfügung steht. Sie als Perfektionist, der eine

Sache möglichst genau durchführen und dafür den größtmöglichen Zeitraum veranschlagen will, finden es sicherlich erst einmal gewöhnungsbedürftig, sich derart zu beschränken. Doch versuchen Sie es, und Sie werden feststellen: Wenn Sie sich für eine bestimmte Aufgabe einen kürzeren Zeitraum geben, gehen Sie in vielen Fällen viel effizienter an die Sache heran und sind dann auch schneller fertig.

Sie machen das so, wie Sie wollen!

Aber: Lassen Sie sich nicht hetzen – auch nicht von Kollegen, die effizienter sind als Sie selbst. Natürlich können Sie sich bei anderen Richtwerte für Ihre Planung abschauen, doch jeder braucht unterschiedlich lange für dieselbe Aktivität. Sie haben Ihren eigenen Rhythmus, entwickeln Sie auch Ihren eigenen Planungsstil. Sie werden natürlich Ihren Perfektionismusanspruch nicht sofort und gänzlich eliminieren können. Möglicherweise schaffen Sie es daher nicht, für alle Aktivitäten auf Anhieb den richtigen Zeitaufwand einzuplanen. Lassen Sie sich dadurch nicht frustrieren. Wenn Sie gemerkt haben, dass Sie für eine Aktivität mehr oder weniger als die anberaumte Zeitdauer gebraucht haben, planen Sie beim nächsten Mal einfach entsprechend mehr oder weniger Zeit ein. Sie werden sehen, mit der Zeit bekommen Sie Erfahrung damit, wie viel Zeit Sie für eine Tätigkeit brauchen und Ihre Planung wird immer exakter. Wichtig ist daher vor allem am Anfang, dass Sie genug Pufferzeiten auch für unvorhergesehene Dinge einplanen.

Konsequent bleiben

Bleiben Sie konsequent bei der Sache. Wenn Sie das eine Mal planen und ein anderes Mal nicht, kommen Sie nicht zum gewünschten Ergebnis. Sie müssen sich auf Ihren Zeitplan verlassen können. Montags vormittags haben Sie beispielsweise nichts in Ihrem Plan eingetragen. Wenn Sie jetzt erst überlegen müssen, ob nicht vielleicht doch etwas war, haben Sie Ihren Zeitplan nicht konsequent genug angewendet. Wichtig ist daher, dass sie auf den ersten Blick Bescheid wissen, wenn Sie in Ihren Kalender schauen: Montagmorgen ist noch ein Termin frei! Wenn sich Termine ändern, müssen Sie die Daten umgehend aktualisieren. Das kostet zwar zunächst Zeit, hilft Ihnen aber, Planungs- und Organisationschaos zu vermeiden.

Achtung Leistungskurven

Planen Sie ebenfalls Ihre Leistungskurven ein. Denn auch wenn äußere Ereignisse Ihre Leistungsbereitschaft beeinflussen und sich durch den Adrenalinkick, den Sie bei Stress bekommen, spontan verändern kann, verläuft Ihre Leistungskurve doch in einer gewissen Regelmäßigkeit. Wenn Sie nun Ihren Zeitplan nach diesem natürlichen Tagesrhythmus ausrichten, können Sie Ihre Produktivität erheblich verbessern. Grundsätzlich verläuft dieser Tagesrhythmus bei jedem Menschen ähnlich.

Morgens, etwa gegen zehn Uhr, erreichen die meisten Menschen ihren Leistungshöhepunkt. Bei einem Morgenmuffel ist das vielleicht etwas später der Fall, aber auch er ist morgens besonders produktiv. Vormittags haben Sie daher die besten Voraussetzungen, sich zu konzentrieren und sich auch mit schwierigen Problemen auseinanderzusetzen. Einen solchen Leistungshöhepunkt haben Sie während des gesamten Tages nicht mehr. Wenn Sie beispielsweise kreativ arbeiten wollen, sollten Sie diese Zeit nutzen, um alle Ideen zu sammeln und aufzuschreiben, die Ihr Gehirn im Schlaf ausgebrütet hat. Dadurch geraten Sie in einen regelrechten Arbeitsfluss. Wichtig ist, dass Sie diese Energie nutzen, um sich ganz auf die Sache zu konzentrieren, und dass Sie Störungen, etwa durch das Telefon, Mitarbeiter und Kunden möglichst vermeiden.

Nachmittags, nach dem Mittagessen, erreichen Sie den Tiefpunkt des Tages – besonders wenn Sie schwer gegessen haben. Planen Sie zu dieser Tageszeit Routinetätigkeiten ein, die nicht Ihre volle Konzentration erfordern. Oder machen Sie gleich eine ausgedehnte „Siesta“. Wenn Sie Ihre Zeit lieber sinnvoll nutzen wollen, können Sie jetzt Arbeitsgänge für später oder den nächsten Tag vorbereiten. Auch für eher ungezwungene Besprechungen mit Kunden, die nicht allzu viel Aufmerksamkeit erfordern, ist jetzt ein guter Zeitpunkt. Am frühen Abend haben Sie einen neuen Höhepunkt, der aber nicht das Niveau des Vormittags erreicht. Jetzt haben Sie noch einmal Zeit für konzentriertes Arbeiten. Danach geht es steil nach unten mit Ihrer Leistungsfähigkeit. Wenn Sie bis in die Nacht hinein konzentriert arbeiten wollen, sollten Sie berücksichtigen, dass Sie am nächsten Morgen wahrscheinlich nicht die gleiche Leistungsfähigkeit erreichen werden.

Mehr Schein als Sein?

Keine Frage: In unserer Gesellschaft regiert die Perfektion. Man braucht nur den Fernseher einzuschalten oder Zeitschriften aufzuschlagen, schon springen uns scheinbar perfekt aussehende, gesunde und vor allem stets unsagbar gut gelaunte, glückliche Menschen entgegen. Es gibt Unmengen von Ratgeberliteratur, die Ihnen zeigen will, wie Sie genauso werden, wie Sie vollkommen zufrieden und glücklich leben können, den perfekten Traumjob finden oder völlig nebenwirkungsfrei Karriere machen und dabei auch noch mit links reich werden können.

Doch das Problem, mehr zu scheinen als zu sein, betrifft nicht nur unsere persönlichen Befindlichkeiten. In unserem Berufsalltag ist Perfektion allgegenwärtig. Arbeitnehmer sollen perfekt in das Unternehmen passen und ihre Arbeit möglichst fehlerlos erledigen. Es zählen vor allem Stärke und Kompetenz, die durch vorgebliche Fehlerlosigkeit und den perfekten Auftritt suggeriert werden. Jeder spielt seine Rolle so gut wie möglich. Der schöne Schein zählt oft mehr als die tatsächlichen Inhalte. Dass wahre Kompetenz darin besteht, auch Fehler und Nicht-Wissen zuzugeben zu können, um daraus zu lernen, wird dabei gern übersehen.

STOP

Perfektion erreichen?

Natürlich wollen wir den perfekten „Vorbildern" nacheifern, denn die zur Schau getragene Perfektion schüchtert uns auch ein. Daher legen wir die Messlatte für uns selbst immer höher, strengen uns an und geben unser Letztes. Um vermeintliche Perfektion zu erreichen, nehmen wir häufig große Nachteile in Kauf – selbst wenn wir eigentlich wissen müssten, dass die Ideale in der Realität kaum zu erreichen sind.

Sage mir, was du arbeitest, und ich sage dir, wer du bist

Dass gerade im Job extrem hohe Erwartungen an uns gestellt werden und dass wir stets angestrengt bemüht sind, diese auch zu erfüllen, hängt vor allem mit dem hohen Stellenwert zusammen, den Arbeit in unserer Gesellschaft hat. Wer einmal darüber nachdenkt, dem wird auffallen, dass es in Deutschland Witze über alle möglichen Dinge gibt – jedoch nicht über Arbeitslose. Denn über den Jobverlust Witze zu machen, wäre geradezu pietätlos. Nach Umfragen empfinden viele Menschen den Verlust des Arbeitsplatzes als fast so großen Schicksalsschlag wie den Tod eines nahen Verwandten.

Job, das Mittel der Selbstdarstellung

Viele Menschen definieren ihre persönliche Identität und ihre gesellschaftliche Zugehörigkeit über den Job und fühlen sich daher geradezu verpflichtet, erfolgreich zu sein. Kein Wunder, dass wir stets versuchen, ihn perfekt zu machen!

Die Bedeutung der Arbeit in unserer Gesellschaft lässt sich nicht nur damit erklären, dass sie finanziell notwendig ist. Heutzutage bietet die Arbeit mehr als „nur" das monatliche Auskommen: Sie ist die Eintrittskarte in die Gesellschaft. Der ordentliche Beruf und das damit verbundene Einkommen heben das Selbstwertgefühl und schaffen Anerkennung, der reguläre Broterwerb steht für Ansehen und Beständigkeit, die lückenlose Laufbahn markiert den Erfolg. Der Arbeitsplatz gilt als Ort der Selbstverwirklichung. Wer nicht in dieses Denkmuster passt, fällt aus dem Rahmen. „Und was machst du?" – diese Frage ist gewissermaßen symptomatisch. Bei neuen Geschäftskontakten gilt das, aber auch ins Privatleben dringt der Job unweigerlich immer weiter ein. Keine neue Bekanntschaft, keine Party ohne diese obligatorische Frage. Am Job wird man gemessen und gewogen. Ein anerkennendes Nicken, wenn der Job interessant ist oder viel Geld einbringt, abschätzige Blicke gibt es hingegen für schlecht bezahlte, langweilige Tätigkeiten.

Arbeit als Paradoxon

Für einige ist Arbeit nicht mehr nur eine Pflicht oder ein Mittel, um Geld zu verdienen und einen gesellschaftlichen Status zu erreichen. Nein, Arbeit soll zudem noch der Selbstverwirklichung dienen und Spaß machen. Dieses Credo vertreten viele Kleinunternehmer, die nach dieser Devise den Schritt in die Selbstständigkeit gewagt haben. Paradox ist allerdings, dass sie dem finanziellen Druck, unter dem sie sich nun wiederfinden, mit verbissenem Perfektionismus begegnen und sich damit genau den Spaß an ihrer Arbeit ruinieren. Gleichzeitig nimmt die Situation auf dem Arbeitsmarkt anderen den Mut zu genau dieser Art der Selbstverwirklichung, weil sie perfektionistisch damit beschäftigt sind, ihren Arbeitsplatz zu sichern.

Dass diese Verbindung von Identitätsbildung und Erwerbsarbeit, die heute völlig normal erscheint, keinesfalls naturgegeben, sondern eine ziemlich neue Erscheinung ist, zeigt ein Blick in die Geschichte. Die griechisch-römische Antike setzt die Muße mit Freiheit und gesellschaftlicher Teilhabe gleich, während Arbeit allenfalls aus existenzieller Notwendigkeit verrichtet wurde. Ihr haftete daher das Stigma von Zwanghaftigkeit und Unfreiheit an und vor allem harte körperliche Arbeit war Aufgabe der Sklaven. Wen wundert es da, dass die Bedeutung des Wortes Arbeit in fast allen westeuropäischen Sprachen negativ ist und im Ursprung mit Pein, Qual, Mühe oder Leid gleichgesetzt wird. In der jüdischen und vor allem frühchristlichen Tradition wurde Arbeit differenzierter gesehen. Sie galt als gottgewollte Pflicht zur Selbstversorgung und der Unterstützung anderer. Mehr aber auch nicht – Arbeit war kein Wert an sich, mit dem sich die Menschen identifizierten, vielmehr sollten sich die Menschen auf ihre religiösen Pflichten und das Gemeinwohl besinnen. Dazu war in Anlehnung an die Schöpfungsgeschichte ein Ruhetag vorgesehen und nicht umsonst stellte Benedikt von Nursia in seinem Grundsatz „Ora et labora“ das Gebet noch vor die Arbeit. Etwas anderes als Ruhetage einzuplanen, blieb den Menschen des Mittelalters wohl auch gar nicht übrig, denn der Lebensrhythmus in der von Landwirtschaft geprägten vorindustriellen Zeit wurde ganz vom Klima bestimmt.

Seit dem Spätmittelalter strömten immer mehr mittellose Menschen vom Land in die Städte, die durch den Handel extrem an Bedeutung gewonnen hatten. Die Städte mussten, wollten sie unter dem Zustrom nicht wirtschaftlich zusammenbrechen, die Massen zur Arbeit zwingen und brauchten eine neue Ideologie. Martin Luther machte aus der bislang wertneutralen Arbeit eine von Gott auferlegte heilige Pflicht, einen Beruf, und erklärte den Müßiggang zur Sünde. Aber auch Luther lehnte, ganz den mittelalterlichen Traditionen verhaftet, Arbeit zum eigenen Nutzen und zur persönlichen Bereicherung ab. Erst für die Puritaner wurde es im 17. und 18. Jahrhundert zu einer heiligen Pflicht, ihrer Berufung zu folgen und zu leben, um zu arbeiten, und materieller Erfolg durch harte Arbeit galt als Gnadenbeweis Gottes. Auch wenn es bei den asketischen Puritanern verpönt war, den Wohlstand öffentlich zur Schau zu stellen, konnten sie mit dieser Einstellung nun ohne schlechtes Gewissen reich werden. Damit war dem Kapitalismus der Weg bereitet.

Paradigmenwechsel

Wirklich neu bewertet wurde Arbeit mit der bürgerlichen Revolution: Statt sich, wie bislang der Adel, durch seine Geburt zu legitimieren, gab Leistungsbereitschaft jedem die Chance, durch Arbeit und Leistung sein Leben zu verbessern. Vor allem das aufstrebende Bürgertum machte sich daran, dies so perfektionistisch wie möglich umzusetzen und dabei stets den Anschein von Geschäftigkeit und Effizienz zu wahren.

Möglich wurden diese Veränderungen aber erst durch die grundlegenden wirtschaftlichen Umwälzungen jener Zeit: die Industrialisierung. Der rasante Bevölkerungsanstieg führte zu einer verstärkten Nachfrage an Gütern, die bedient werden wollte. Neben dem technischen Fortschritt wurde dazu die optimale Ausnutzung der menschlichen Arbeitskraft durch Zentralisierung der Arbeit in Fabriken und die systematische Aufteilung routinemäßiger Arbeitsabläufe, die Arbeitsteilung, notwendig. Die dafür erforderliche strenge Organisation und die Abhängigkeit von starren Arbeitszeiten wurden erst ermöglicht durch die Erfindung der Uhr und des elektrischen Lichtes, was erlaubte, auch ohne Tageslicht zu arbeiten. Überhaupt diente Arbeit immer auch als Druckmittel gegenüber denjenigen, die sie zur Existenzsicherung brauchten und war damit das Disziplinierungsinstrument der Privilegierten gegenüber den Arbeitern. Das war genauso im Kommunismus, wo das Proletariat in „Produktionsschlachten" geschickt wurde und „Helden der Arbeit" verehren musste. Der Kapitalismus heute hingegen lockt mit Konsum und verspricht dem Menschen die materielle Erfüllung seiner Bedürfnisse, für die er allerdings arbeiten muss.

STOP

Die perfekte Manipulation

Leistungsbereitschaft dient also sowohl als Druckmittel, um Existenz und Ansehen zu sichern, also auch zur Manipulation, weil suggeriert wird, dass mehr Leistung über die Erfüllung der eigenen Bedürfnisse auch mehr Glück bedeutet.

Der perfekte Mitarbeiter

Unternehmen wollen ihre Mitarbeiter also zur Leistung antreiben. Unternehmen erwarten auch Perfektion. Doch warum eigentlich? Die Antwort ist simpel: Was

Perfektion verspricht, wirkt attraktiver und verkauft sich besser – und zwar in allen Bereichen. Wer „fehlerfrei“ ist, wirkt kompetenter, als jemand der zugibt, etwas nicht zu wissen. Und wer verspricht, ein Problem schnell und ohne große Nebenwirkungen zu lösen, bekommt Beifall. Das ist in Unternehmen nicht anders als in der Politik. Simple Wahrheiten und Klischees passen eben besser in bereits vorhandene Denkmuster und was eingängiger ist, wird vom Gehirn schneller verarbeitet; das wissen auch die Unternehmen, die ihren Kunden etwas verkaufen wollen und machen sich diesen Mechanismus zunutze.

Wie sehr es in Firmen darum geht, vor allem den Anschein von Unfehlbarkeit und Produktivität zu wahren, entlarvt Bestsellerautorin Corinne Maier in „Die Entdeckung der Faulheit“: Die Sprache in Unternehmen strotzt häufig nur so vor hohlen Floskeln, nebulösen Abkürzungen und nichtssagenden Fremdwörtern, die ihr eine pseudowissenschaftliche Aura verleihen. Einfache Dinge werden möglichst kompliziert ausgedrückt, um auch banalste Dinge bedeutend erscheinen zu lassen. Der aufgesetzte Business-Jargon dient vor allem dazu, um jeden Preis zu beeindrucken, während hinter der Fassade häufig ein innovationsfeindliches Klima herrscht, in dem häufig nur diejenigen überleben, die sich unauffällig verhalten. Genau das ist auch der Rat, den Maier ihren Lesern mitgibt: sich dem schönen Schein so gut wie möglich anzupassen, um zumindest nach außen als perfekter Mitarbeiter zu agieren.

Auch wenn Maiers Betrachtungsweise sicherlich überspitzt und zynisch ist: Perfektionisten haben häufig genau mit dieser Anpassung Probleme. Denn sie neigen dazu, mit ihren hohen Ansprüchen anderen einen Spiegel vorzuhalten und machen sich deshalb schnell unbeliebt. Außerdem stechen strebsame Menschen schon wegen ihres Ehrgeizes aus der Menge heraus. Weil sie häufig extrem wahrheitsliebend sind, legen idealistische Perfektionisten, statt sich gut zu verkaufen, gern den Finger auf brennende Wunden, auch wenn es manchmal viel bequemer wäre, das Spiel um den schönen Schein einfach mitzuspielen. Auch wenn dieses Verhalten unter moralischen Gesichtspunkten sogar löblich sein mag: Sie helfen damit weder sich, noch befördern sie ihre Karriere, denn typisch perfektionistische Charakterzüge sind alles andere als Karriere fördernd.

Tipp

Weniger Perfektionismus, mehr Selbstdarstellung

Denn auch wenn es tendenziell richtig ist, so wenig Fehler wie möglich zu machen und auch wenn Chefs hohe Leistungsbereitschaft tendenziell schätzen – in der Regel übertragen sie die guten Positionen vor allem jenen Mitarbeitern, die ihnen positiv auffallen. Untersuchungen zeigen, dass es bei Karrieresprüngen überhaupt nur zu zehn Prozent auf die Leistung ankommt. 30 Prozent hängen vom Image ab. Und ganze 60 Prozent macht es aus, wie man im Unternehmen wahrgenommen wird.

Es kommt also darauf an, wie man im Unternehmen wahrgenommen wird. Doch wie wichtig Selbstdarstellung ist, erkennen Perfektionisten häufig erst, wenn Kollegen auf der Karriereleiter an ihnen vorbeiziehen und sie selbst beruflich ins Hintertreffen geraten; denn während andere kein Blatt vor den Mund nehmen, wenn es darum geht, ihre guten Leistungen in Szene zu setzen, schweigen viele Perfektionisten brav, weil ihnen diese Form der Selbstdarstellung unangebracht erscheint. Stattdessen arbeiten sie stets am Leistungslimit und hoffen, dass die anderen von selbst ihren Einsatz und ihr Talent bemerken. Insgeheim aber träumen sie im Stillen davon, etwas wirklich Großes zu vollbringen, das alle anderen überrascht und in den Schatten stellt. Doch es passiert selten, dass der erhöhte Einsatz auch wahrgenommen wird, denn die Leistung gilt für die meisten Chefs als Selbstverständlichkeit. Zudem sind die meisten Vorgesetzten viel zu sehr mit sich selbst beschäftigt, als die Arbeit ihrer perfektionistischen Mitarbeiter, die sie für selbstverständlich halten, zu würdigen.

Tipp

Selbstbewusstsein statt Prahlerei

Perfektionisten müssen nicht zum Prahlhans werden, damit ihre Arbeit endlich gewürdigt wird. Show und Angeberei sind ihnen fremd. Aber es ist hilfreich, von sich selbst überzeugt zu sein, statt sich ständig selbst zu kritisieren. Denn dann lassen sich gute Leistungen auch nach außen besser verkaufen, und man kann in schwierigen Situationen auch gelassen reagieren.

Niemand erreicht nur dadurch, indem er mit seinen Leistungen prahlt und gleichzeitig noch Kritik an den Kollegen und Vorgesetzten übt, dass er positiv wahrgenommen wird. Vielmehr geht es darum, sich unentbehrlich zu machen – denn kein Unternehmen entlässt Mitarbeiter, die zuverlässig stets zur Stelle sind, wenn

Not am Mann ist. Damit sind nicht etwa diejenigen gemeint, die ständig Überstunden machen. Sondern es geht darum, das Unternehmen und den Chef bei seinen Zielen zu unterstützen, indem man sich in seine Lage versetzt und dessen Wünsche bereits vorausahnt. Es geht darum, über die Abläufe im Unternehmen stets informiert zu sein, um bei Bedarf richtig agieren zu können. Und es geht darum, die eigenen Kompetenzen dahingehend zu erweitern, dass sie für das Unternehmen nützlich sind. Denn wer so handelt, macht seinem Chef das Leben leichter und kann dadurch den Status eines unersetzbaren Problemlösers erreichen.

Tipp

Eine optimistische Grundhaltung ist wichtig

Um als Problemlöser zu agieren, ist es wichtig, Dinge optimistisch zu betrachten und sich selbst etwas zuzutrauen. Denn nur dann schafft man es, gelassen und flexibel auf plötzlich auftretende Herausforderungen zu reagieren und zum unverzichtbaren Problemlöser zu avancieren.

Betrachten wir nun aber wieder die Eigenschaften mancher Perfektionisten: Wirkt ängstliches Vermeidungsverhalten selbstbewusst und kompetent? Kann sich ein Perfektionist, der sich grüblerisch in Details verliert, auf wesentliche Probleme im Unternehmen konzentrieren? Ist jemand, der nur zögerlich Entscheidungen fällen kann, in der Lage, in schwierigen Situationen richtig zu agieren? Erleichtert ein Mitarbeiter, der Chefs und Kollegen ständig den Spiegel ihrer eigenen Fehler vorhält, anderen Menschen das Leben und macht er sich dadurch beliebt? Bleibt jemand, der sich zu allen Anforderungen von außen auch noch permanent selbst unter Druck setzt, gelassen? Ist es einem Perfektionisten, der geradezu rigide an bestimmten Denk- und Verhaltensweisen festhält, möglich, flexibel auf Herausforderungen zu reagieren? Und erweitert jemand seine Kompetenzen, dem es vor allem darum geht, Fehler zu vermeiden, statt daraus zu lernen?

Kommunikative Defizite

Neben der positiven Selbstdarstellung ist vor allem der richtige Umgang mit anderen Menschen für den beruflichen Erfolg ein weitaus wichtigerer Aspekt als die reine Leistungsbereitschaft. Hingegen ist die fehlende personelle Vernetzung am Arbeitsplatz mit das größte Beschäftigungsrisiko. Denn nur wer über gute Kontakte verfügt, erhält regelmäßig wichtige Hintergrundinformationen, die es ihm ermöglichen, neue Herausforderungen zu bewältigen. Wer zum Beispiel im Vorfeld weiß, dass im Unternehmen Umstrukturierungen geplant sind, kann durch eine optimale Vernetzung sogar eine drohende Kündigung abwenden, indem er seine Kontakte nutzt, um einen neuen Job in einer anderen Abteilung zu erhalten.

Tipp

Wie schmiedet man Allianzen?

Um das zu erreichen, ist es wichtig, die Sympathien anderer für sich zu mobilisieren. Das bedeutet zunächst, stets höflich zu sein und ein Mindestmaß an gutem Benehmen an den Tag zu legen, etwa bei Begrüßungen oder beim Small Talk auf dem Flur. Außerdem ist es wichtig, auf andere zuzugehen und sich mit den Wünschen und Bedürfnissen von Kollegen und Vorgesetzten zu beschäftigen.

Doch das ist nicht für alle Perfektionisten so einfach, wie es sich anhört. Denn für manche ist der Umgang mit anderen Menschen problematisch. Gerade introvertierte Perfektionisten nehmen ihre Umwelt häufig als potenziell aggressive Bedrohung wahr. Denn wer versucht, alles richtig zu machen und sich mit hohen Ansprüchen selbst unter Druck setzt, ist naturgemäß wesentlich anfälliger für Kritik, Anforderungen und Stress als gelassenere Naturen. Außerdem beinhaltet der Kontakt mit anderen Menschen auch immer ein unberechenbares Moment, das sich nicht steuern lässt. Was wird der andere sagen? Wie wird er reagieren? Gerade für Perfektionisten, die Situationen gern unter Kontrolle haben, sind solche Kommunikationssituationen mitunter ein echtes Risiko, dem sie lieber aus dem Weg gehen.

Und auch wenn Schüchternheit auf andere Menschen sympathisch wirkt: Die Menschenscheu einiger introvertierter Perfektionisten ist im Berufsalltag eher hinderlich. Wer nämlich andere Menschen meidet, verhält sich auch entsprechend abweisend, statt seine Kommunikationsfähigkeit zu verbessern; dadurch gehen wertvolle Sympathien und die für das berufliche Vorankommen so wichtigen Netzwerke und Allianzen verloren. Ganz zu schweigen davon, dass die verminderte Kommunikationsbereitschaft sich negativ auf die Selbstdarstellung auswirkt. Das gilt vor allem dann, wenn sich die Schüchternheit zu einer regelrechten sozialen Phobie ausweitet; in diesem Fall können nämlich auch einfache Gespräche, etwa der Plausch in der Kantine oder auf dem Flur, zum echten Problem werden.

Auch extrovertierte Perfektionisten erschweren sich den Umgang mit anderen und behindern dadurch ihre eigene Karriere unnötig. Sicherlich ist ein gesundes Konkurrenzdenken eine wichtige Motivation, um beruflich voranzukommen, denn das menschliche Streben, andere zu übertreffen, ist für Psychologen eine der wichtigsten Antriebskräfte im Leben. Genau aus diesem Grund sind viele Perfektionisten aber sehr schlecht zu gebrauchen, wenn es darum geht, mit anderen im Team zusammenzuarbeiten. Denn wer seine Kollegen eher als Konkurrenten denn als Kooperationspartner betrachtet, versucht natürlich auch eher, sich gegen diese durchzusetzen, als gemeinsam mit ihnen auf ein Ziel hinzusteuern. Es erübrigt sich fast zu sagen, dass diese Menschen auch wenig Vertrauen in andere haben, wenn es darum geht, Arbeitsaufgaben an andere zu delegieren. Zu groß sind die Ängste vieler Perfektionisten, andere könnten die Arbeit nicht so gut machen wie sie selbst oder – im Gegenteil – die Aufgabe viel besser erledigen und den Perfektionisten damit ersetzbar machen. Um das im Griff zu haben, machen sie lieber gleich alles selbst.

STOP

Perfektionismus kann ansteckend sein

Untersuchungen von Arbeitspsychologen zeigen, dass karriereorientierte, perfektionistische Naturen durch ihr aggressives und feindseliges Verhalten die Stimmung oft derart negativ beeinflussen – zum Beispiel, indem sie Kollegen mit Hektik und Unsicherheit anstecken –, dass ein produktives Arbeiten am Ende nicht mehr möglich ist.

Die Vergleichs- und Kontrollsucht vieler Perfektionisten sowie die ständige Rechthaberei gehen Kollegen und auch Vorgesetzten gehörig auf die Nerven und kostet letztlich wichtige Sympathiepunkte. Die aber entscheiden in vielen Firmen oft eher über das berufliche Vorankommen als Fleiß und Leistung. Wer einen guten Draht zu den richtigen Leuten hat, steigt auf der Karriereleiter schneller nach oben. Dass der Mensch in der Tat so „gepolt" ist, belegen auch die Ergebnisse der neurobiologischen Forschung. Das früher vorherrschende darwinistische Denkmuster vom *survival of the fittest* hat ausgedient, vielmehr hat die Wissenschaft belegt: Der Mensch ist weder geistig noch körperlich dazu geeignet, einen ständigen Konkurrenzkampf jeder gegen jeden durchzuhalten. Der Wunsch, ständig besser sein zu wollen als andere, entstammt nicht gesunder Produktivität, sondern entsteht oft aus Angst und führt dann nur zu übermäßigem Stress – und macht langfristig krank.

Wer also in einer funktionierenden Kooperation mit anderen arbeitet, arbeitet einfach besser. Die Grundvoraussetzungen dafür sind gegenseitige Anerkennung und Sympathie. Eine Studie der Respekt Research Group an der Universität Hamburg zeigt, warum das so ist. Demnach haben Menschen bestimmte Vorstellungen davon, wie sympathische und kompetente Personen sein sollten – nämlich unter anderem vertrauenswürdig, verlässlich und fair. Wer hingegen unfreundlich ist, Kollegen kaum ein Lob ausspricht, andere ständig kontrollieren will oder Entscheidungen vor sich herschiebt und dabei Versprechungen macht, die er nicht halten kann, verspielt die Sympathien von Chefs und Kollegen schneller, als ihm lieb ist.

Tipp

Freundlich sein, heißt nicht, zu allem Ja und Amen zu sagen

Gerade unsichere Perfektionisten tendieren dazu, Freundlichkeit damit gleichzusetzen, sich alles gefallen zu lassen. So halten sie es zum Beispiel geradezu für unanständig, Kritik mit einer bissigen Bemerkung zu kontern und nehmen diese daher einfach hin, statt zu reagieren. Oder sie wollen es allen recht machen und erledigen alle Arbeiten stets mit einem Höchstmaß an Perfektion. Es ist aber viel besser, statt sich selbst derartig aufzureiben, sich nicht alles gefallen zu lassen.
Ein nett verpacktes, aber bestimmtes Nein bringt einem sogar den Respekt der Kollegen ein. Statt bei Kritik beleidigt zu reagieren, zeigen Sie lieber mit einer klugen und witzigen Entgegnung Kompetenz und Selbstbewusstsein.

Make it easy

Sie haben bislang viel darüber erfahren, welche Probleme Sie mit Ihrem Perfektionismus haben könnten. Aber betrachten Sie die Sache auch einmal von der anderen Seite. Als typischer extrovertierter Perfektionist haben Sie vermutlich nicht nur an sich selbst hohe Ansprüche, sondern auch an andere. Möglicherweise sprechen Sie auch öfter direkt aus, was Sie denken: „Wenn Sie effizienter arbeiten würden, wären wir schon längst fertig!“, „Sie haben keine Ahnung, was Sie da reden!“ oder „Lassen Sie mich das machen, Sie können das einfach nicht!“ Könnten solche Sätze von Ihnen stammen? Und dann wundern Sie sich gelegentlich, dass andere Menschen schlecht auf Sie zu sprechen sind?

Immer diese hohen Erwartungen

In diesen Momenten sind Sie es, der andere kritisiert und Anforderungen stellt! Prinzipiell ist das auch nichts Verwerfliches. Wahrscheinlich sind Sie es, der bei neuen Projekten sofort darauf hinweist, welche Schwachstellen noch ausgemerzt werden müssen, oder die Arbeitsgruppe antreibt und zum Erfolg bringt. Sie meinen es auch meist gut und sagen solche Dinge nicht aus Bosheit oder um andere Leute zu ärgern. Aber es muss Ihnen auch klar sein: Andere Menschen denken anders als Sie und reagieren auf Ihre meist gut gemeinten Absichten nicht immer so, wie Sie sich das vorstellen. Das kann zu einem Problem werden.

Nur ich weiß, was richtig ist?

Das musste auch Vanessa erfahren. Sie soll eine Projektgruppe leiten. Doch als typische Perfektionistin ist es für sie schwierig, sich auf einen Kompromiss innerhalb des Teams einzulassen.

Kompromisslos bis in Mark

Vanessa ist einfach davon überzeugt, dass ihre Vorgehensweise die einzig richtige ist und sie am besten die etwas diffusen Vorgaben ihres Chefs umsetzen kann: „Ich habe Erfahrung mit den Kunden und weiß, wie diese reagieren werden. Vertrauen Sie mir!“ Und obwohl die Mehrheit des Teams ihre Meinung nicht teilt und ihre Mitarbeiter mit guten und sachlichen Argumenten versuchen, sie zu überzeugen, bleibt sie stur bei der Auffassung, dass sie recht hat und redet so lange auf die andersdenkenden Mitarbeiter ein, bis diese schließlich entnervt ihre Position aufgeben.

Gehen Sie in sich: Sind Sie kompromissbereit? Sind Sie bereit, eine Haltung aufzugeben, um (gemeinsam mit anderen) ein Ziel zu erreichen? Und welchen Preis sind Sie bereit, zu zahlen, um etwas zu bekommen, das sie wollen?

Nicht immer sind alle einer Meinung. Ob es darum geht, wer ein neues Projekt übernimmt, wer wie viel Budget erhält oder wer welche Aufgaben übernimmt – Diskussionen sind im Arbeitsalltag an der Tagesordnung. Als Perfektionist stehen Sie vielleicht in dem Ruf, immer recht haben zu wollen, und machen sich bei vielen Kollegen und Vorgesetzten damit unbeliebt. Sie sehen das wahrscheinlich ganz anders: „Ich will doch nur versuchen, meine Meinung durchzusetzen – das machen andere doch auch!“ Es gibt jedoch einige rhetorische Kniffe, die Ihnen helfen werden, andere geschickt zu überzeugen, ohne dass diese sich von Ihnen an die Wand geredet fühlen oder beleidigt reagieren, weil sie glauben, angegriffen worden zu sein. Fragetechniken helfen Ihnen, Ihre Meinung zu vertreten, aber gleichzeitig gemeinsam mit der Gruppe konstruktive Lösungen zu finden. Wenn Sie andere bewusst ansprechen und einbeziehen, ziehen Sie dabei Ihre eigene Position auch geschickt aus der Schusslinie.

Stellen Sie sich vor, Sie diskutierten mit anderen zusammen eine Projektidee. Jemand stellt eine These auf, die Ihre zuvor gemachte Aussage völlig entkräftet und Ihre Auffassung damit infrage stellt, z.B.: „Das klingt ja nett, aber wir haben damit andere Erfahrungen gemacht ...“ Die typische Verhaltensweise eines Perfektionisten wäre es jetzt, wild dagegen zu argumentieren – schließlich wollen Sie recht behalten, nicht wahr?

Tipp

Ihr Kollege hat einen Vorschlag gemacht, der Ihnen gar nicht gefällt. Bitten Sie zunächst um konkretere Informationen: „Wie genau?" „Alle?" „Wie viel Prozent?" „Wer war beteiligt?" „Wer war betroffen?" „Wer war verantwortlich?" „Was ist geschehen?" „Würden Sie einmal berichten, wie das konkret war?" Lenken Sie dann mit einer Verständnisfrage rhetorisch geschickt von sich ab und lassen Sie den anderen erklären: „Habe ich Sie richtig verstanden, Sie sagen, dass ..."

Eine andere Situation: Sie haben einen Vorschlag zur Aufteilung des Budgets in Ihrer Abteilung gemacht und ausgeführt, warum das Vorteile für alle hätte. Ein Kollege beurteilt die Konsequenzen Ihres Vorschlages aber viel negativer als Sie selbst, etwa so: „Das hört sich ja nett an, aber ich glaube, dass das Budget dadurch verschwendet würde." Sie sollten den Kollegen jetzt nicht direkt angreifen, indem Sie etwa sagen: „Sie haben ja nur Angst, weniger zu bekommen!", sondern herausfinden, ob die neue Aufteilung tatsächlich zu den vermuteten Konsequenzen führen würde oder ob noch andere zu erwarten sind. Fragen Sie Ihren Kollegen zum Beispiel nach seiner Begründung: „Warum ist Ihre Lösung die beste?" „Warum ist Option 1 Option 2 vorzuziehen?" „Welche Gründe haben wir, diese Idee abzulehnen?" Stellen Sie diese Frage bewusst an alle, auch an sich selbst. Sie machen damit klar, dass auch Sie mitdenken. Wenn Sie sie nur an andere stellen, kommen diese durch das „Warum?" in einen Rechtfertigungszwang – das erzeugt Widerstand!

Tipp

Bitten Sie alle, zu überlegen, welche möglichen Konsequenzen es noch geben könnte: „Haben wir alle Konsequenzen überdacht?" „Was kann sonst noch dabei herauskommen?" „Gibt es Alternativen?" „Haben wir etwas vergessen?"

Wenn Ihnen die Meinung eines anderen nicht passt, können Sie die anderen auch bewusst in eine Sackgasse führen, um damit die Absurdität der Befürchtungen klarzumachen – das ist viel witziger und interessanter als einfach dagegen zu argumentieren. Sie machen damit auch deutlich, dass es besser ist, zu handeln, statt untätig zu bleiben – und haben die Lacher auf Ihrer Seite. Fragen Sie doch einfach mal Folgendes:

z.B.

„Was müssen wir tun, damit uns das Problem erhalten bleibt?“ „Was kann passieren, wenn wir das Problem auch weiterhin nicht lösen?“ Oder übersteigern Sie mögliche Konsequenzen und machen Sie damit klar, dass es so schlimm nicht werden kann und dass die Schwarzseher hoffnungslos übertrieben haben: „Was kann denn schlimmstenfalls passieren, wenn wir diese Option wählen?“

Sie diskutieren und wollen einige Kollegen davon überzeugen, eine bestimmte Aufgabe zu übernehmen. Eine Kollegin widerspricht Ihnen, indem sie sich auf einen allgemeingültigen Konsens beruft: „Das ist ja nett, aber wir wissen ja alle, dass das viel zu idealistisch gedacht ist: Niemand arbeitet mehr, als er unbedingt muss.“ Der Trick dabei ist einfach: Die Mehrheit irrt nicht, etwas das alle wissen, ist quasi unwiderlegbar. Wenn Sie es doch tun, stimmt mit Ihnen etwas nicht – zumindest fühlen Sie sich so, und daher haben Sie kaum die Chance, Ihre Meinung zu vertreten. Doch ist die allgemeine Meinung überhaupt richtig? Regen Sie doch einfach zum Nachdenken an:

To do

So entkräften Sie Mehrheitsargumente

- Finden Sie heraus, warum eine Position für die anderen wichtig ist: „Was ist für Sie besonders wichtig?“ „Was steht hier für Sie im Vordergrund?“
- Fragen Sie anschließend, wie jemand zu seiner Ansicht gelangt ist: „Was hat Sie dazu veranlasst, die Situation so zu sehen/so zu deuten?“
- *Brechen Sie die allgemeine Perspektive auf Einzelfälle* herunter, indem Sie unterscheiden: „Das trifft für diesen Fall zu, aber gilt das auch für …?“, „Dort passte dieses Handeln – aber wie ist das in diesem Zusammenhang?“
- Laden Sie die anderen dazu ein, einmal die Perspektive zu wechseln: „Wenn wir das aus der Perspektive des Kunden betrachten: Wie würde er das sehen?“ „Wie, glauben Sie, würde unser Chef reagieren?“
- Überprüfen Sie naiv-kritisch die Voraussetzungen und Überzeugungen, die in einer Meinung enthalten sind: „Hm, was bedeutet es eigentlich, wenn man idealistisch denkt?“ „Seit wann wissen das denn alle?“ Dadurch bringen Sie die anderen Teilnehmer zum Nachdenken.

Vertrauen ist gut, Kontrolle ist besser

Zurück zu Vanessa, die noch ein weiteres Problem hat. Sie hat nämlich kein Vertrauen in die Fähigkeiten ihres Teams. Sie glaubt, sie könne das Projekt nur dann zum Erfolg führen, wenn sie alles selbst macht, statt die Arbeit im Team aufzuteilen. Am Ende sind jedoch die Kunden alles andere als zufrieden mit Vanessas Ideen, die daraufhin alles nochmals überarbeiten muss. Das Projekt wird schließlich nicht rechtzeitig fertig, denn Vanessa hat sich schlicht übernommen. Doch sie kann ihren Fehler nicht einfach zugeben, sondern versucht, sich mit allerlei Erklärungen und logisch klingenden Argumenten zu rechtfertigen: „Sie haben mich missverstanden ... sicherlich war diese Lösung nicht optimal, aber letztendlich hat sie doch zum Ziel geführt.“ Eine Rechthaberei, die das Team und auch den Chef ziemlich nerven: „Die meint doch, sie kann und weiß alles besser!“

Wenn Sie auf die Dauer produktiv mit anderen zusammenarbeiten wollen, sollten Sie diesen auch Anerkennung und Respekt zollen. Denn Anerkennung ist eines der stärksten Bindeglieder zwischen Menschen – und wirkt oft wahre Wunder.

Als Perfektionist mit hohen Ansprüchen auch an andere verscherzen Sie sich daher so manche Sympathie, wenn Sie immer nur Kritik üben. Dabei müssten Sie gar nicht viel ändern, denn es geht nicht darum, immer und überall Lobeshymnen zu singen. Es hilft schon, wenn Sie die Leistungen von anderen nur ein wenig aufmerksamer wahrnehmen und Ihre Kollegen nicht miteinander oder mit sich selbst vergleichen. Denn was für den einen selbstverständlich ist, ist für den anderen eine Herausforderung, deren Meisterung echtes Lob verdient. Denn: Lob ist für die Motivation und Beziehungen wie Dünger. Wohldosiert kann es stärken, aber zu freigiebig und an der falschen Stelle ausgeteilt, macht es eine ganze Ernte zunichte. Beachten Sie daher – insbesondere als Vorgesetzter – einige Regeln, damit das gut gemeinte Lob nicht zum Fehlschlag wird.

To do

So kommt Ihr Lob auch an

- Loben Sie nur, wenn Sie es wirklich ehrlich meinen. Echte Anerkennung kommt aus dem Bauch, sie ist erfüllt von Freude über eine Sache – andere merken, ob sie authentisch ist oder nicht. Wenn Sie das Gefühl verspüren, teilen Sie es mit: „Ich habe gemerkt, dass Sie sich wirklich viel Mühe gegeben haben.“

- Manchmal ist nonverbales Lob überzeugender als ein Redeschwall. Lächeln Sie aufmunternd, halten Sie den Daumen in die Höhe, oder klopfen Sie dem Kollegen auf die Schulter – finden Sie Ihre ganz persönliche Ausdrucksform.
- Prüfen Sie kritisch: Verfolgen Sie mit dem Lob eine Absicht? Wollen Sie Kritik tarnen? Wenn ja: Lassen Sie es, denn dann wirkt das Lob unglaubwürdig. Sie enttäuschen und demotivieren die anderen nur. Und: Wenn Sie nichts erwarten, sind Sie nicht enttäuscht, wenn eine bestimmte Reaktion ausbleibt.
- Ebenso kränkend sind ironische oder überhebliche Anerkennungen: Vermeiden Sie ungeduldig zu loben: „Na bitte, es geht doch!", oder vorwurfsvoll: „Warum denn nicht gleich so?" Mit „Sehen Sie! Sie müssen nur wollen, dann klappt es auch" unterstellen Sie Ihren Kollegen fehlenden Einsatz und ein „Super! Jetzt hat es auch Herr F. endlich verstanden" stellt den anderen bloß und offenbart Ihre Geringschätzung.
- Loben Sie vorsichtig. Wenn Sie jede Kleinigkeit bejubeln, gewöhnen sich Ihre Mitarbeiter daran und meinen, sie bräuchten sich nicht weiter anzustrengen. Die Botschaft muss lauten: „Es lohnt sich, weiter am Ball zu bleiben. Da ist noch mehr drin!"
- Loben Sie zeitnah. Je spontaner, desto besser. Falsch: „Ihr Verhalten bei der letzten Messe vor drei Wochen war wirklich gut. Weiter so!" Ein solches Lob kommt zu spät und ist zu allgemein, es irritiert daher nur.
- Sagen Sie nicht einfach: „Gut gemacht", sondern sagen Sie so detailliert wie möglich, *was* Sie gut gefunden haben: „Bei der Messe letzte Woche ist mir Ihre außergewöhnlich gute Kundenbetreuung aufgefallen. Sie sind freundlich und höflich, verwenden sehr positive Formulierungen und finden passende Alternativen. Sie geben jedem das Gefühl, er sei im Augenblick das einzig Wichtige für Sie!"
- Loben Sie ohne Einschränkung: „Ihre Präsentation war sehr interessant, aber achten Sie beim nächsten Mal ein wenig auf die Rechtschreibung." Damit machen Sie das Lob zunichte. Besser: Lassen Sie das Lob isoliert stehen. Kritik gehört in ein anderes Gespräch.
- Seien Sie voll bei der Sache. Erwecken Sie nie den Eindruck, gehetzt oder in Zeitnot zu sein. Dann wirkt das Lob unecht.

Von Gedankenlesern und Hellsehern

Tatsächlich glaubt Vanessa, sie könne am besten einschätzen, wie Kunden auf ihre Ideen reagieren. Doch obwohl Vanessa über viel Erfahrung verfügt – die Gedanken ihrer Kunden kann sie nicht lesen. Tatsächlich machen aber Perfektionisten häufig genau diesen Fehler. In dem Wunsch, eine Sache im Griff zu haben, versuchen sie zu erraten, was andere denken könnten und können nicht einsehen, dass sie mit ihren Vermutungen nicht immer recht haben. Achten Sie einmal selbst darauf, wie oft Sie versuchen, die Gedanken anderer Menschen zu „lesen". Sie werden feststellen, dass Sie manchmal aufgrund Ihrer Erfahrung erahnen können, was andere denken, dass Sie aber keinesfalls *immer* richtig liegen.

Der Mythos der Unersetzbarkeit

Doch Vanessa begeht bei ihrem Projekt noch einen anderen Fehler: Sie will alles allein machen. Denn auch wenn sie Arbeitsgänge abgeben, fürchten Perfektionisten, sie könnten die Kontrolle verlieren. Häufig macht es ihnen Angst, anderen Menschen zu vertrauen. Selbst wenn sie sich dadurch unnötige Zusatzarbeit aufbürden, die sie kaum schaffen, wie Vanessa, die sogar die Fertigstellung eines Projektes gefährdet: Lieber versuchen sie, alles allein zu machen, statt zu delegieren. Und noch ein anderes Motiv spielt eine Rolle. Viele Perfektionisten wollen zeigen, dass sie unersetzbar sind und dass ihre Arbeit von niemand anderem getan werden kann. Vanessa hat selbst im Urlaub das Handy stets an und ruft von den Malediven aus mindestens einmal am Tag in der Firma an. Denn das Gefühl, dass es ohne sie nicht geht, beruhigt sie.

Die meisten Perfektionisten laufen Gefahr, sich alle Arbeit selbst aufzubürden, statt diese mit Kollegen zu teilen oder an Mitarbeiter zu delegieren. Wenn es Ihnen auch so geht, fällt es Ihnen vermutlich auch schwer, anderen Menschen zu vertrauen. Doch wenn Sie die Arbeit aus Zeitgründen nicht selbst übernehmen oder bei einem Arbeitsgang Zeit sparen wollen, führt nun einmal kein Weg daran vorbei, Aufgaben an andere abzugeben. Dabei lassen sich Routineaufgaben, wie Schreib- oder Ordnungsarbeiten, besonders gut abgeben. Spezialaufgaben, mit denen Sie sich selbst nicht so gut auskennen, sollten Sie sogar an andere delegieren. Aufgaben, die Sie als Person fordern, wie etwa Repräsentationsaufgaben oder der Umgang mit Kunden, sollten Sie hingegen immer selbst übernehmen.

Natürlich können Sie das Vertrauen in Ihre Kollegen oder in Ihr Team nicht von heute auf morgen erlernen. Aber wenn Sie erste kleinere Aufgaben erfolgreich abgegeben haben, werden Sie sehen, dass es Ihnen mit der Zeit immer leichter fällt, die Kontrolle auch einmal abzugeben. Doch Delegieren bedeutet nicht, dass Sie einfach die Anweisung geben: „Machen Sie das bis übermorgen!“ Selbst wenn Sie das als Chef bestimmen können, sollten Sie das nicht auf diese Weise tun. Noch weniger natürlich, wenn Sie einen gleichgestellten Kollegen bitten wollen, Ihnen etwas Arbeit abzunehmen. Besser ist es in jedem Fall, Sie führen ein konstruktives Gespräch mit dem betreffenden Kollegen. Fragen Sie sich: Haben Sie sich immer Zeit genommen, die Aufgabe auch genau zu erklären? Ein anderer hat vielleicht nur deshalb etwas nicht zu Ihrer Zufriedenheit gemacht, weil er nicht verstanden hat, wie Sie sich das Ergebnis vorgestellt haben. Verwechseln Sie klare Arbeitsanweisungen aber nicht mit Kontrolle: Ihr Mitarbeiter sollte zwar wissen, was zu tun ist, aber sprechen Sie ihm dabei nicht die Fähigkeit ab, selbst zu denken. Klären Sie, bevor Sie etwas delegieren, folgende Punkte.

To do

Tipps für ein Delegationsgespräch

- Teilen Sie Ihrem Mitarbeiter mit, warum Sie die Aufgabe gerade an ihn übergeben haben: „Ich bin überzeugt, dass Sie diese Aufgabe am besten und schnellsten ausführen können, weil Sie die entsprechende Sachkenntnis haben.“ Dieses Vertrauen wirkt motivierend.
- Machen Sie klar, was ganz genau getan werden soll. Sprechen Sie alle Vorgaben zu Quantität und Qualität ab, achten Sie hierbei auf genaue Formulierungen und stellen Sie durch Nachfragen sicher, dass die andere Person alles verstanden hat. „Ich möchte, dass Sie bis morgen 12 Uhr für mich die Akte X, die jetzt auf meinem Schreibtisch liegt, durcharbeiten und alle widersprüchlichen Angaben notieren.“
- Achten Sie aber darauf, dass Sie das Ziel beschreiben, nicht den Arbeitsgang an sich. Unter Umständen können Sie einige Vorschläge zur Ausführung einbringen. Ihr Mitarbeiter hat so die Freiheit, selbst zu entscheiden, wie er die Arbeit ausführen will. Diese Eigenverantwortlichkeit fördert die Motivation. „Ich erwarte, dass die Präsentation dann bis morgen fertig ist.“
- Achten Sie nicht nur darauf, dass Sie den Auftrag erteilen, sondern auch darauf, dass Sie alles, was zu seiner Ausführung wichtig ist, mitgeben: „Damit Sie wissen, worum es geht, möchte ich Ihnen folgende Fakten und Informationen mitgeben … Außerdem benötigen Sie noch folgende Materialien …“

- Legen Sie den Zeitpunkt der Fertigstellung wenn möglich mit den anderen zusammen fest: „Mir wäre es sehr recht, wenn die Aufgabe bis Ende der Woche abgeschlossen wäre. Wie sieht Ihr Zeitplan aus? Wann können Sie die Aufgabe fertig haben? … Übermorgen? Gut, dann lassen Sie uns diesen Termin festlegen …" Wenn das nicht geht, erläutern Sie, warum der Endtermin schon feststeht: „Leider kann ich Ihnen keine längere Frist einräumen, weil der Kunde auf den entsprechenden Liefertermin besteht …"
- Menschen führen nicht gern Arbeiten aus, deren Sinn sich ihnen nicht erschließt. Machen Sie daher noch einmal explizit klar, was der Sinn und Nutzen dieses Arbeitsganges ist und warum die Aufgabe wichtig ist. Wenn der andere das versteht, wird er viel besser arbeiten: „Diese Aufgabe ist sehr wichtig für unser Unternehmen, weil Sie die Abrechnungsprozesse erheblich vereinfachen. Durch Ihren Einsatz sparen wir also zukünftig viel Geld."

Der Wunsch nach Anerkennung

Natürlich hofft Vanessa, für ihren übermäßigen Einsatz besondere Anerkennung zu bekommen. Denn extrovertierten Perfektionisten ist es besonders wichtig, was andere über sie denken – daher achten sie in der Regel auf ihr Äußeres, einen pedantisch aufgeräumten Schreibtisch und meist auch darauf, was sie sagen.

Sich nur keine Blöße geben

Menschen wie Vanessa haben sogar regelrecht Angst davor, andere Menschen könnten ihre „Mängel" erkennen und versuchen daher, zu engen Kontakt mit ihren Kollegen zu vermeiden. Lieber nehmen sie es in Kauf, dass diese sie für unzugänglich halten, als auch einmal Schwächen zugeben. Das kann sogar so weit gehen, dass sie Fehler, die sie begangen haben, leugnen und abstreiten. Mehr noch: Wenn sie etwas nicht sofort beherrschen oder hundertprozentig hinbekommen, geben sie manchmal lieber auf, statt ihre Unzulänglichkeit als Teil eines unvermeidlichen Lernprozesses zu akzeptieren. Denn sie fühlen sich durch ihre vermeintliche Unfähigkeit bloßgestellt.

Vanessa etwa hatte vor einiger Zeit voller Enthusiasmus einen von der Firma finanzierten Französischkurs begonnen. Als eine Kollegin sie jedoch wegen ihrer

Aussprache belächelte, brach sie den Kurs voller Frust ab, weil sie sich gedemütigt fühlte – getreu dem Alles-oder-Nichts-Motto: Wenn ich etwas nicht hundertprozentig kann, kann ich es gar nicht. Auf diese Weise nehmen sich Perfektionisten aber die Möglichkeit und die Freude, etwas Neues zu lernen, weil sie sich zu selten von ihrem sicheren Terrain herunterwagen.

Nur der Beste gewinnt

Es wundert daher nicht, dass viele Perfektionisten sich in einem ständigen Wettbewerb zu ihren Kollegen sehen. „Na, aber das ist doch im Berufsalltag doch wirklich total normal", werden Sie einwenden. Natürlich, jeder stellt Vergleiche an. Und Konkurrenz ist sogar wichtig, denn der Wunsch, andere übertrumpfen zu wollen, ist ein starker Antriebsmotor für höchste Leistungen. „Ich will genauso gut Französisch können wie die Kollegen, deswegen werde ich mehr lernen" – dieser Vergleich ist eindeutig motivierend und hilft, das Ziel zu erreichen.

Problematisch wird es aber dann, wenn der Vergleich negativ ausfällt. Wenn Vanessa denkt: „Ich werde es ja eh nie schaffen, so gut zu sein, ich kann den Kurs genauso gut aufgeben", dann nimmt sie sich selbst den Ansporn zu lernen. Ein Vergleich hat in dieser Weise eher deprimierende Wirkung. Vanessa würde ihre Unfähigkeit jedoch nie zugeben, sondern sie versucht, das aufkommende Minderwertigkeitsgefühl zu überspielen – und zwar auf Kosten der Kollegin, die sie herabsetzend anherrscht: „Warum machen Sie denn überhaupt einen Französischkurs? Um Ihre Besserwisserei zu perfektionieren?" Und die Kollegin denkt: „Mensch, was für eine arrogante Ziege!"

To do

Selbstanalyse: Wie stark ist Ihr Konkurrenzdenken ausgeprägt

- Können Sie Ihren Kollegen vertrauen oder sehen Sie sie eher als Konkurrenten? Vergleichen Sie sich oft mit anderen Menschen? Fühlen Sie sich durch diese Vergleiche besser oder eher schlechter?
- Bleiben Sie realistisch, wenn Sie sich mit anderen vergleichen? Was genau vergleichen Sie? Sind Ihre Vergleiche korrekt oder basieren diese nur auf dem, was Sie über die Person zu wissen glauben? Verallgemeinern Sie dieses Wissen manchmal?

- Vergleichen Sie immer nur einzelne Aspekte, etwa „Kollege A hat mehr Geld als ich"? Oder beziehen Sie auch andere Aspekte in Ihre Vergleiche ein, etwa „Kollege A muss auch mehr Verantwortung tragen"?
- Welche Bedeutung haben Ihre Vergleiche? Wenn andere besser oder erfolgreicher sind – welche Bedeutung hat das für Ihr Leben?

Wenn der Schuss nach hinten losgeht

Vanessa wäre sicher erschrocken, wenn Sie wüsste, dass ihre Kollegen sie als rechthaberisch, besserwisserisch, pedantisch, unnahbar und arrogant bezeichnen. Denn Vanessa handelt häufig in bester Absicht und ist immer zur Stelle, wenn es gilt, sich für andere einzusetzen.

Gerechtigkeitssinn und moralische Ansprüche

Erst kürzlich hat sie in einem Meeting Partei ergriffen für eine Kollegin, die von den anderen für einen Redebeitrag recht unsachlich kritisiert wurde. Doch leider ist sie dabei ein wenig über das Ziel hinausgeschossen: „Ich finde es höchst unmoralisch, wenn Sie alle auf die Kollegin losgehen, so etwas macht man einfach nicht", wies sie die anderen streng zurecht. Tatsächlich ist vielen Perfektionisten Sitte, Anstand und Moral sehr wichtig, denn es gibt ihnen ein Gefühl von Sicherheit, den festen Regeln der gesellschaftlichen Konvention zu folgen, die ihnen stets aufzeigen, wie sie sich verhalten müssen. Meist können diese Perfektionisten dann nicht verstehen, dass andere Menschen sich nicht ebenso verhalten; dass nicht jeder die eigenen Moralvorstellungen teilt, kann das eigene Weltbild dieser Menschen ganz schön ins Wanken bringen.

Vanessa musste erstaunt feststellen, dass sich niemand ihrer Meinung anschloss. Selbst die in Schutz genommene Kollegin machte plötzlich einen Rückzieher: „Ach, ich glaube, ich hätte meine Position noch etwas überdenken können …", nuschelte sie verlegen. Und da niemand Vanessa leiden kann, wurde sie nun selbst zur Zielscheibe, und ihre Argumentation wurde von den Kollegen regelrecht zerpflückt. Seit diesem Tag nennen die Kollegen sie heimlich „Moralapostel" und „Madmoiselle Das-macht-man-doch-nicht".

Tipp

Als Chef gehört es zu Ihren Aufgaben, Mitarbeiter auf Fehler aufmerksam zu machen. Und selbst wenn Sie nicht der Chef sind, kommt es sicherlich immer wieder vor, dass Sie an der Arbeit eines Kollegen etwas auszusetzen haben. Doch gerade als Perfektionist müssen Sie immer darauf achten, wie Sie die Kritik äußern - nämlich konstruktiv: Bieten Sie Ihrem Mitarbeiter oder Kollegen nach Ihrem Feedback daher beispielsweise immer eine Chance zur Stellungnahme: „Erklären Sie mir bitte, wie Sie sich gestern gesehen haben. Können Sie meiner Einschätzung folgen?“ oder „Sie haben sicher anhand der genannten Beispiele verstanden, was genau ich meine. Wie erklären Sie sich Ihre häufigen Fehler in letzter Zeit?“ Suchen Sie gemeinsam nach einer Lösung: „Gibt es einen Grund dafür, dass Sie gestern so viele Fehler gemacht haben? Vielleicht können wir diesen ja gemeinsam aus dem Weg schaffen?“ Oder: „Wie kann ich Sie dabei unterstützen, den Überblick zu bekommen und sich nicht mehr zu verzetteln?“ Seien Sie aber nicht enttäuscht, wenn Ihr Kollege Ihr Angebot nicht annimmt – andere Kollegen sind auch Perfektionisten und wollen allein ihre Ehre retten, wenn sie einen Fehler gemacht haben.

Vorsicht, die Nörgeltante kommt

Vanessa gilt als Nörgeltante vom Dienst: An allem hat sie etwas auszusetzen, ganz gleich, ob es nun das Essen, eine Präsentation oder das Arbeitstempo der anderen ist – denn auch Geduld gehört nicht gerade zu ihren Tugenden: „Mein Gott, Sie sind immer so lahm, Sie sollten aufpassen, dass Sie Ihren Job nicht verlieren“, herrscht sie ihre Mitarbeiterin an. Die fühlt sich durch die drastischen Worte stark unter Druck gesetzt und überschlägt sich daraufhin, ihr die wichtigen Unterlagen herauszusuchen. Oft wünschen sich die Mitarbeiter, Vanessa würde ihre Meinung etwas freundlicher und diplomatischer äußern. Und selbst wenn Vanessa einmal ein Lob ausspricht, was selten genug vorkommt, ist damit immer auch gleich ein Verbesserungsvorschlag verknüpft: „Das ging ja schnell, danke, aber das nächste Mal machen Sie es am besten sofort!“

Tipp

Kritisieren Sie nicht nur die Schwächen, sondern heben Sie auch die Stärken des anderen heraus: Betonen Sie auch, was ein Mitarbeiter gut gemacht hat und worauf er zukünftig aufbauen kann: „Sie können sehr spontan und flexibel reagieren. Manchmal läuft Ihnen das jedoch aus dem Ruder. Daran könnten Sie noch arbeiten, indem Sie ...“ Auf diese Weise wirken Sie konstruktiv.

Dabei meinen es Perfektionisten wie Vanessa auch in solchen Fällen nur gut: Sie sind stolz darauf, besonders scharfsichtig zu sein und Dinge zu sehen, von denen sie glauben, die anderen würden sie übersehen. Dieser Charakterzug gibt ihnen das Gefühl, mit kommenden Schwierigkeiten besser fertig zu werden. Daher konzentrieren sie sich manchmal, wie im Kapitel über Thinkaholismus beschrieben, geradezu auf das Negative. Sie halten es für ihre Pflicht, andere rechtzeitig auf mögliche Kritikpunkte aufmerksam zu machen und sie so vor möglichem Schaden zu bewahren. Gleichzeitig haben viele Perfektionisten aber nicht nur wenig Verständnis für die eigenen menschlichen Schwächen. Inkompetenz und Dummheit oder das, was sie dafür halten, sind für sie auch bei anderen nur schwer erträglich und dagegen wollen sie, mit einem gewissen Sendungsbewusstsein, etwas tun.

STOP

Vermeiden Sie Appelle wie: „Sie müssen endlich einmal …“, „Sie sollten …“, „Sie dürfen nicht mehr …“, denn damit erzeugen Sie nur Abwehr. Besser: Sagen Sie detailliert und sachlich, was Sie sich wünschen: „Ich wünsche mir, dass wir die Präsentationen vorher gemeinsam durchsprechen“ oder „Ich bitte Sie ab sofort um mehr Sorgfalt bei der Ausarbeitung. Wenn Sie etwas nicht wissen, fragen Sie lieber nach.“

Für die Mitmenschen ist es jedoch auf Dauer nur schwer erträglich, ständig kritisiert zu werden. Sie fühlen sich dann, als würde man ihnen einen Spiegel vorhalten, in dem sie stets nur mit ihrer eigenen Unfähigkeit, ihren Schwächen und ihren Ängsten konfrontiert werden. Auch der ständige Hang zu Pessimismus wirkt auf andere Menschen einfach deprimierend. Es ist also nicht erstaunlich, dass die Kollegen auf Vanessas gut gemeinte Verbesserungsvorschläge irgendwann sehr gereizt reagieren. Um ihrer Kritikwut zu entgehen, erzählen sie ihr einfach viele Vorgänge im Unternehmen nicht mehr und tuscheln hinter vorgehaltener Hand: „Die wird noch sehen, was sie davon hat, ständig alles besser zu wissen!“

STOP

Verharren Sie bei Kritik nicht zu lange bei der Schilderung der Probleme und stochern Sie nicht zu lange im „Warum?“ herum: Die Frage „Warum haben Sie das so gemacht? Warum sind Sie so schlecht vorbereitet?“ wirkt anklagend. Sie aber wollen Ihren Kollegen nicht angreifen, sondern gemeinsam ein Problem lösen – also fragen Sie konstruktiv: „Wer kann Ihnen die notwendigen Tipps geben, damit Sie mit den Präsentationsmedien besser zurechtkommen?“ oder „Ich möchte mit Ihnen fair zusammenarbeiten. Dazu muss ich aber wissen, was gestern los war.“

Machen Sie es sich nicht so schwer wie Vanessa: Als Perfektionist könnten Sie sich den Umgang mit anderen Menschen wesentlich einfacher gestalten. Dazu müssen Sie sich nicht völlig verbiegen, sondern Ihre bisherige Position nur ein wenig überdenken: Versuchen Sie, Dinge positiver zu sehen – dann werden Sie auch selbst etwas zufriedener. Geben Sie Schwächen und Fehler ruhig einmal zu und lernen Sie daraus. Zeigen Sie anderen Ihr Vertrauen, in denen Sie Arbeit und andere Dinge mit ihnen teilen. Und gewöhnen Sie sich an, bedingungslos zu loben und Kritik diplomatischer zu äußern. Damit erreichen Sie bei anderen Menschen oft mehr als mit allen gut gemeinten Komplimenten.

Es ist verständlich, dass Sie als eingefleischter Perfektionist wahrscheinlich mit einem besonders kritischen Blick auf Ihre Umwelt schauen. Doch es kommt immer darauf an, *wie* Sie andere kritisieren: Wenn Sie sachlich bleiben, wird die Kritik besser aufgenommen, als wenn Sie andere persönlich angreifen. Wenn Sie jemanden kritisieren wollen: Reden Sie mit der betreffenden Person unbedingt unter vier Augen, um sie nicht vor anderen bloßzustellen. Signalisiert die Körpersprache des Kritisierten Anspannung, Abwehr oder Abstand – typisch sind etwa ein erstarrter Gesichtsausdruck, der Überraschung signalisiert, verschränkt er die Arme über der Brust oder weicht einen Schritt zurück? Dann entspannen Sie die Atmosphäre mit passenden Gesten. Bei ängstlichen Kollegen lächeln Sie, in hartnäckigen Fällen schauen Sie jedoch bewusst ernst, vermeiden aber, böse zu schauen oder ebenfalls eine Abwehrhaltung einzunehmen.

Sprechen Sie unangenehme Dinge sofort, direkt, freundlich und offen an. Kommen Sie sofort zum Punkt, vermeiden Sie Small Talk, das wirkt ausweichend, als hätten Sie etwas zu verbergen. Äußern Sie Ihre Kritik auf keinen Fall versteckt. Denn dann besteht die Gefahr, dass der andere die Kritik nicht versteht oder sich sogar ärgert.

Vermeiden Sie verallgemeinernde Vorwürfe, wie z.B. „Sie machen *immer* solche dummen Fehler“. Der andere fühlt sich dadurch als Person angegriffen und reagiert mit Abwehr. Besser: Schildern Sie zunächst den Sachverhalt, der Ihnen Anlass zur Kritik gegeben hat, so ausführlich und bildhaft wie möglich. Benennen Sie alles beim Namen: den Tag, die Uhrzeit, die Menge, das Thema, die Fehler, die Häufigkeit, die Verzögerung usw. „Lassen Sie mich ausführen, was ich genau meine: Erstens waren Fehler in den Folien, die auch für mich peinlich waren. Die Marktanteile stimmten nicht, und die Auflistung der Wettbewerber enthielt zwei Unternehmen, die lange vom Markt sind. Zweitens haben Sie sich so verzettelt, dass Sie die Übersicht verloren und gar kein Ende gefunden haben. Ich ziehe daraus den Schluss, dass Sie die Präsentation nicht ordentlich vorbereitet haben."

Der Bumerangeffekt

Vanessas rigide Haltung bricht ihr schließlich das Genick und ihre negative Haltung kommt auf sie zurück wie ein Bumerang: In einem Meeting kritisiert ihr Chef die Ergebnisse der Projektgruppe. Vanessa verteidigt gereizt ihre Arbeit: „Wir haben unser Bestes gegeben, doch Ihre Vorgaben waren einfach zu ungenau, und wir hatten zu wenig Zeit. Außerdem waren Sie doch ständig auf dem Golfplatz und für Rückfragen nicht zu erreichen, was hätte wir machen können?", sagt sie geradeheraus und sieht sich Beifall heischend um. Denn mit ihrer Meinung hinterm Berg zu halten, ist Perfektionisten fremd. Häufig sind sie geradezu stolz auf diese Charakterstärke, es erscheint ihnen geradezu wie eine moralische Verpflichtung, immer die Wahrheit zu sagen und Lügen halten sie, egal, in welcher Situation, für verwerflich.

Nicht alle Menschen kommen aber mit so viel unverblümter Ehrlichkeit klar, und vor allem Chefs mögen es nicht, von perfektionistischen Mitarbeitern Fehler unter die Nase gerieben zu bekommen: „Meinen Sie etwa, ich mache meine Arbeit nicht anständig?", fragt ihr Chef schockiert. Doch bevor Vanessa antworten kann, fällt ihr ein Kollege, der sich auch schon oft über den Chef aufgeregt hat, ins Wort: „Aber das stimmt doch gar nicht. Das Projekt ist vielmehr gescheitert, weil die Kollegin hier", er deutet auf Vanessa, „keine Kompromisse eingehen wollte und alles an sich gerissen hat!" Alle nicken beipflichtend. Vanessa ist sprachlos, dass ihr Team ihr nicht den Rücken stärkt. Ihr Chef ist erfreut, dass er nun von seinen eigenen Schwächen ablenken kann: „Na, da sollten Sie sich mal an die eigene Nase packen, statt andere zu kritisieren ", sagt er spitz. Zwei Wochen später wird Vanessa in eine andere Abteilung versetzt – eine, die bald wegrationalisiert werden soll, wie die Kollegen schadenfreudig meinen. Vanessas Perfektionismus hat sie schließlich den Job gekostet.

Wenn Sie den Umgang mit Ihren Mitmenschen verbessern, sorgt das nicht nur für eine bessere Arbeitsatmosphäre, Sie stärken mit einigen einfachen Mitteln auch Ihre Position im Unternehmen. Denn ein guter Kontakt zu den Kollegen und ein stabiles Netzwerk sind heutzutage wichtig, um dauerhaft Erfolg im Unternehmen zu haben.

Tipp

Damit es Ihnen nicht so geht wie Vanessa, sollten Sie eine Selbstanalyse vornehmen: Haben Sie realistische Erwartungen an andere oder sind Ihre Erwartungen zu hoch? Kritisieren Sie andere häufig oder loben Sie auch mal? Wie kritisieren Sie – bleiben Sie sachlich oder werden Sie persönlich, verallgemeinernd oder zu fordernd? Wie reagieren Ihre Mitarbeiter auf Ihr Lob und Ihre Kritik? Setzen sie Ihre Anregungen um oder reagieren sie abwehrend? Dann sollten Sie die Taktik ändern.

Showtime

Kennen Sie Murphys Gesetz? Es besagt: Alles was schiefgehen kann, geht auch schief! Wenn Sie keine Fehler machen wollen, machen Sie garantiert welche. Wenn Sie Ihren Zeitplan perfekt organisiert haben, kommt garantiert etwas dazwischen. Und wenn Sie es tatsächlich geschafft haben, als Perfektionist mal fünf gerade sein zu lassen – dann erwischt Sie garantiert Ihr Chef dabei! In solchen Momenten haben Sie vermutlich das Gefühl, Murphys Gesetz schlägt voll zu.

> Lassen Sie sich nicht durch hohe Erwartungen oder andere perfektionistische Kollegen unter Druck setzen. Wenn Sie selbst erkannt haben, dass übertriebener Perfektionismus Sie im Berufsleben nicht weiterbringt, sollten Sie den Weg dieser Erkenntnis weiterhin konsequent verfolgen. Auch wenn es nicht einfach ist: Bleiben Sie cool.

Sich nicht erwischen lassen

Selbst wenn es manchmal so scheint, als gäbe es ein kosmisches Gesetz, das Dinge schieflaufen lässt: In Wahrheit gibt es meist gute Gründe dafür, warum bestimmte Dinge danebengehen. Wenn Sie beispielsweise um jeden Preis Fehler vermeiden wollen, sind Sie mitunter so gestresst, dass der Fehlerteufel nur eine logische Konsequenz ist. Wenn Ihr Zeitplan ins Wanken gerät, dann liegt das oft daran, dass Sie sich als typischer Perfektionist Ihren Tag zu vollgepackt haben. Und wenn Ihr Chef Sie beim „Schlampigsein" erwischt – dann liegt das daran, dass Sie sich erwischen lassen.

Weniger ist mehr – ehrlich!

Es reicht im Berufsalltag mit seinen hohen Anforderungen leider nicht, lediglich die hohen Ansprüche an sich selbst herunterzuschrauben. Denn meist sind Chefs erst dann zufrieden, wenn Sie Höchstleistungen erbringen. Oder zumindest, wenn es so aussieht. Greifen Sie daher zu einem Trick: Erwecken Sie den Anschein, Ihre Leistungen seien tadellos und perfekt – auch wenn Sie selbst eigentlich finden, dass es noch einiges zu kritisieren gäbe.

Es ist verständlich, dass Sie als eingefleischter Perfektionist mit starkem Hang zur Wahrheitsliebe nicht tricksen mögen. Sie möchten lieber ehrlich sagen, dass Ihnen die Anforderungen zu viel sind und dass Sie weniger arbeiten möchten. Oder Sie wollen weiterhin jeden Tag bis spätabends ackern. Denn nur dann ist Ihr Chef vermutlich zufrieden, und Sie haben ein reines Gewissen. Doch schauen Sie sich an, wie es Ihre Kollegen machen: Arbeiten die auch alle so lange? Mit der gleichen Intensität? Oder haben die Kollegen eine andere Methode, den Chef von ihren Leistungen zu überzeugen?

Betrachten wie einmal die beiden Kolleginnen Ariane und Petra im Vergleich: Ariane leidet als introvertierte Perfektionistin mit Hang zur Selbstkritik an den hohen Anforderungen ihres Chefs: „Nie kann man es ihm recht machen, ständig verlangt und fordert er noch mehr Leistung!“, beschwert sie sich und arbeitet daher jeden Abend bis 21 Uhr oder sogar länger. Ganz anders hingegen Ihre Kollegin Petra: Die hat beschlossen, den Anforderungen ihres Chefs nicht mehr bedingungslos nachzukommen.

Gute Argumente

Mit einigen vernünftigen Argumenten konnte sie ihm klarmachen, dass ständiges Arbeiten bis spät in die Nacht ihre Leistungsfähigkeit dauerhaft negativ beeinflussen würde und dass es vernünftiger sei, einen geregelten Feierabend einzuhalten. Tatsächlich hat der Chef verstanden, dass Petra ihre Arbeit bei einer vernünftigen Tagesarbeitszeit viel effizienter erledigen kann und zugestimmt. Er war sogar begeistert von Petras selbstverantwortlichem Handeln. Davon will Petra nun auch Ariane überzeugen: „Du musst nicht immer machen, was der Chef verlangt, du kannst auch mit ihm sprechen“, sagt sie ihr immer wieder. Doch Ariane traut sich nicht so recht. Stattdessen fragt sie allabendlich genervt, wenn Petra ihre Sachen zusammenpackt: „Wie? Du gehst schon?“ Die versteckte Kritik in Arianes Worten trifft Petra, die sich gerade ein wenig von ihrem eigenen Perfektionismus befreit hat, besonders. Jeden Abend fühlt sie sich ertappt und geht mit einem schlechten Gewissen heim, weil sie Ariane alleine im Büro lässt. Doch Petra weiß auch, dass das die einzige Möglichkeit ist, sich nicht kaputtzumachen. „Irgendwann wird auch Ariane das einsehen!“, hofft sie.

Die Macht von Gestik, Mimik und Stimme

Für ein wichtiges Meeting haben Ariane und Petra jede eine kleine Präsentation ausgearbeitet. Ariane bis tief in die Nacht. Sie hat alle Fakten recherchiert und sich alle Argumente sowie die möglichen Gegenargumente fein säuberlich notiert. Nachdem sie beinahe die ganze Nacht nicht geschlafen hat, ist Ariane mehr als gestresst und in denkbar schlechter Verfassung. Als sie an der Reihe ist, zittert ihre Stimme, sie klingt angestrengt und nervös, zupft sich an den Haaren. Keine besonders ansprechende Vorstellung. Und Ariane fragt sich während des gesamten Vortrags, warum die anderen so desinteressiert schauen.

Die Antwort darauf ist einfach. Es liegt an Arianes Auftreten, ihrer Gestik und Mimik – und ihrer Stimme. Denn das Auftreten einer Person ist „verräterisch". Untersuchungen zeigen: Die Wirkung einer Botschaft hängt tatsächlich nur zu sieben Prozent vom Inhalt des Gesagten ab. 55 Prozent werden durch die Körpersprache bestimmt. Immerhin 38 Prozent unserer Wirkung als Person basieren auf Stimme, Tonfall, Betonung und Artikulation. Das bedeutet natürlich nicht, dass nur Optik und Auftreten stimmen müssen, und wir irgendeinen Unsinn reden können. Denn in einem längeren Gespräch oder einer Präsentation werden wir natürlich auch am Inhalt gemessen. Aber wenn die Körpersprache nicht stimmt, schenken andere dem, was wir sagen, leider sehr viel weniger Glauben.

Das Fatale: Gerade perfektionistische Naturen, die sich angestrengt bemühen, das Richtige zu tun, neigen dazu, gestresst, hektisch und verbissen zu sein. Das wird ihnen meist als Unsicherheit ausgelegt. Dieser negative Eindruck wird häufig dadurch verstärkt, dass Perfektionisten dazu neigen, zu viel Kraft und Druck in die Stimme zu legen und sehr schnell reden, wodurch sie hart und schrill klingen. Dadurch wirken sie ebenfalls wenig kompetent.

Tipp Ruhiges Atmen entspannt den Körper, hilft überlegter zu handeln und lockert die Stimme.

Eine gute Übung dazu: Stellen Sie sich vor, Sie seien ein Fischweib und stehen mit drei bis fünf anderen Marktfrauen auf dem Markt und verkaufen Fisch. Ihrer hat natürlich die beste Qualität. Sie preisen Ihre Ware allerdings nur mit den Worten „Bla, bla, bla" an. Achten Sie darauf, dass Sie nicht mit Lautstärke überzeugen wollen, sondern mit Leichtigkeit! Lassen Sie Ihre Wangen und Lippen locker.

Das haben Sie wahrscheinlich selbst schon erlebt: In manchen Situationen haben Sie sich besonders bemüht, einen Sachverhalt inhaltlich perfekt zu präsentieren. Weil Sie dabei aber angespannt wirkten, konnten Sie andere Menschen nicht für Ihre Argumente gewinnen. Automatisch glaubten die Zuhörer nämlich, dass Sie von dem, was Sie vortragen, selbst nicht so recht überzeugt sind, selbst wenn Ihre Argumente noch so gut waren. Bestimmt fallen Ihnen aber auch Situationen ein, in denen Sie vielleicht keine so perfekte Argumentationskette im Kopf hatten und dennoch andere Menschen schnell für sich gewinnen konnten. Was war der Grund? Vermutlich waren Sie in diesen Momenten heiter und gelöst.

Ariane macht außerdem noch einen weiteren Fehler. Im letzten Jahr hat sie extra einen Rhetorikkurs absolviert und versucht nun unbewusst, die dort erlernten Gesten und Sprechweisen zu kopieren. Dadurch wirkt sie unecht und wenig überzeugend. Entscheidend dafür, wie ein Mensch auf andere wirkt, ist nämlich, dass er beim Sprechen in seiner individuellen Indifferenzlage bleibt. Das ist der Grundton der Stimme, der entsteht, wenn Ihre Stimmbänder ganz entspannt vibrieren und den Sie mit Ihrer Stimme daher ganz besonders leicht erzeugen können. Wenn Sie sich mit Ihrer Stimmlage nahe um diesen Ton herumbewegen, haben Sie eine bessere Resonanz und klingen ausdrucksvoller. Daher werden Sie von Ihren Zuhörern als überzeugend und selbstbewusst wahrgenommen. Wenn Sie sich jedoch weiter von diesem Eigenton wegbewegen, riskieren Sie Ihre positive Wirkung, weil Sie sofort angespannt und verkrampft klingen.

To do

Lachen Sie sich locker

Lachen Sie drauflos und reduzieren Sie dann das Tempo, in dem Sie gezielt „ha, ha, ha“ oder „ho, ho, ho“ oder „hi, hi, hi “ lautieren. Bemerken Sie dabei die kleine Kontraktion im Zwerchfell? Diese Bewegung nutzen Sie beim Sprechen unbewusst. Lernen Sie sie bewusst einzusetzen, indem Sie die Lautstärke Ihres Hohoho verändern. Lassen Sie dabei jeweils den größten Atemmuskel „hüpfen“ und bauen Sie die Kraft von unten auf. Achten Sie darauf, wie es klingt, wenn das Lachen nicht echt ist. Produzieren Sie es zur Abgrenzung nur mit dem Kehlkopf, indem Sie es richtig herausdrücken und dem Bauch wenig Bewegungsspielraum geben. Bemerken Sie die Anspannung und Anstrengung? Die ist nicht nur in Ihrem Bauch fühlbar, sondern auch hörbar. Sie wissen gleich: Dieses Lachen ist nicht echt! Lassen Sie wieder mehr Bewegung zu und unterstützen Sie die Lautstärke und Dynamik Ihrer Stimme.

Verbal zurückschlagen

Die Nervosität macht sich auch auf andere Weise bemerkbar. So recht kann sich Ariane nicht an ihre mühsam ausgearbeitete Präsentation erinnern, es ist, als wären die richtigen Worte wie weggeblasen. Daher verschanzt sie sich hinter dem Laptop und will die Zuhörer durch die trickreiche Computeranimation begeistern, stottert sich aber nur durch die Präsentation. Bereits nach wenigen Minuten bringt ein Kollege sie mit seinem Einwurf völlig aus dem Tritt: „Das ist doch nicht wirklich Ihre Meinung?“, fragt der Kollege scharf. Ariane ist auf sachliche Argumente, aber nicht auf einen derartigen Angriff vorbereitet. „D...d...o...o...ch“, stottert sie leise und versucht sich verzweifelt an ihre Argumentation zu erinnern. Statt schlagfertig zu antworten, rechtfertigt sie sich nun und macht dabei keinen guten Eindruck.

z.B.

Eine schlagfertige Reaktion ist zum Beispiel, den Kritiker, der Sie mit einer solch stichelnden Bemerkung angreift, lächerlich zu machen. Übersteigern Sie dazu seine Stichelei ins Uferlose: „Das ist doch nicht wirklich Ihre Meinung?“ – „Doch, darauf würde ich sogar einen Eid ablegen.“ Oder: „Sie haben den Kunden aber schlecht beraten!“ – „Ja genau, er benutzt jetzt die Waschmaschine als Whirlpool.“ Das Vorgehen dabei ist simpel. Wählen Sie ein Bild, möglichst absurd und weit weg von der Realität. Aber genau dieses Bild beschreiben Sie dann, als sei es wahr, etwa in der Weise: „Klar, ich habe jeden Tag auf den Malediven in der Hängematte gelegen!“ Das funktioniert auch bei persönlichen Angriffen, wenn jemand sich beispielsweise über Ihre Kleidung äußert: „Ihre Krawatte ist ja so krumm gebunden!“ Dann antworten Sie einfach: „Stimmt, ich wollte mich gerade aufhängen.“

Nach dem Meeting kommt der Chef zu Ariane: „Ein sehr interessantes Thema, aber schade, dass Sie so angespannt waren und unsicher wirkten. Das hätte sonst ein ganz netter Vortrag werden können.“ Insgeheim aber ärgert er sich über seine uncharmante und verbissene Mitarbeiterin. Ariane ist von der Reaktion des Chefs ebenfalls enttäuscht. Zählt es denn nicht, dass Sie zumindest eine inhaltlich perfekte Präsentation der Sachverhalte mit präzise recherchierten Fakten abgeliefert hat?

Bei Petra läuft alles ganz anders. Sie hatte bei Weitem keine so ausgefeilte Präsentation vorbereitet, ja, noch nicht einmal Zeit gehabt, alle Fakten zu sammeln. Aber sie weiß, dass ohnehin nicht vorhersehbar ist, was während des Meetings passieren würde und verlässt sich auf ihr Improvisationstalent. Sie stellt im Meeting die wichtigsten Punkte ihrer Argumentation vor und sagt dann: „Gerade weil diese Strategie so wichtig ist, habe ich die Kernfragen offengelassen. Ich möchte diese nun mit Ihnen zusammen erarbeiten! Vielleicht möchte unser Chef auch noch etwas ergänzen." Ergebnis: Die Kollegen sind nun selbst mit Nachdenken beschäftigt und haben keine Zeit mehr, nachzuhaken. Außerdem bezieht Petra den Chef geschickt mit ein, was diesem besonders schmeichelt. Daher lobt er sie nach dem Meeting ganz ausdrücklich: „Das fand ich toll, wie Sie die anderen zum Mitdenken motiviert haben, denn normalerweise schalten bei solchen Redebeiträgen alle ab."

To do

Perfekt reagieren

Wenn Sie von einem Kollegen mit einer Frage attackiert werden: Antworten Sie mit einer qualifizierten Gegenfrage: „Was interessiert Sie daran besonders?", „Was genau meinen Sie damit?" oder „Welches ist denn Ihre Meinung dazu?" Der Kollege ist gezwungen, nachzudenken, Sie gewinnen Zeit und haben von sich abgelenkt.

Sie können auch von sich ablenken, indem Sie ein Stichwort der Frage aufgreifen und zu einem anderen Thema überleiten, zu dem Sie mehr sagen können: „Sie sprechen einen wichtigen und interessanten Punkt an. Eine Studie aus dem letzten Jahr ..." Mit etwas Glück vergisst man die Frage wieder, zumindest aber gewinnen Sie Zeit.

Wenn Ihnen zu einem Punkt nichts einfällt: Verweigern Sie die Auskunft. Das müssen Sie aber plausibel begründen. Also nicht: „Das sage ich Ihnen nicht", sondern: „Aus abteilungsinternen Gründen möchte ich dazu jetzt keine Stellung nehmen." Oder: „Ich bin nicht befugt, darüber Auskunft zu geben." Wichtig ist, dass Sie selbstbewusst und nicht defensiv klingen.

80 statt 110

Die Beispiele zeigen ganz deutlich: Auch wenn Chefs und Kollegen 110 Prozent von Ihnen erwarten, reicht es oft, wenn Sie nur 80 Prozent Leistung geben. Ja, manchmal ist es sogar regelrecht schädlich, perfektionistisch zu sein. Das musste auch Ariane erfahren. Sie hat sich – ganz detailverliebte Perfektionistin – zu lange in den Fakten „verirrt“, dabei aber das Wesentliche, das gute Gelingen ihrer gesamten Präsentation, aus den Augen verloren. Außerdem hat sie mit dem selbst verursachten Stress ihre eigene Leistungsfähigkeit stark beeinträchtigt.

Tipp

Grübelei, die Unfähigkeit mit Kritik umzugehen, Unentschlossenheit, Rigidität, hausgemachter Stress, zu hohe Ansprüche an andere – welches sind Ihre perfektionistischen Schwächen? Machen Sie sich eine Liste mit den negativen Konsequenzen Ihrer perfektionistischen Haltung – etwa: „Wenn ich zu perfektionistisch bin, neige ich zur Rigidität und verscherze mir bei Kollegen wichtige Sympathien. Denn wer mag schon Nörgler, Besserwisser und Moralapostel?“ Hängen Sie die Liste da auf, wo Sie sie immer sehen – denn sie erinnert Sie daran, dass Perfektionismus nicht in jeder Situation unbedingt erstrebenswert ist. Diese Liste holt Sie auf den Boden der Tatsachen zurück, wenn Sie es einmal wieder übertreiben mit Ihrem Streben nach Perfektion.

Ein bisschen Show muss sein

Meist kommt es eben nicht (nur) darauf an, dass Sie eine sehr gute Leistung bringen, sondern auch, *wie* Sie diese anderen verkaufen. Ihr Talent als Entertainer ist also gefragt. Natürlich will der Chef auch gute Leistungen sehen. Doch vor allem will er wissen, dass alles reibungslos läuft. Das „entertaint“ ihn, das hält ihn bei Laune. Und das ist wichtig.

Einfache Techniken des Selbstmarketings

Wie aber geht das? Nehmen wir ein einfaches Beispiel: Ihr Schreibtisch ist das reinste Chaos, und ein wichtiger Kunde hat sich zum Besuch angekündigt? Reservieren Sie für solche Fälle eine freie Schreibtischschublade, in die Sie alles mit einem Rutsch packen können. Eine offensivere Taktik, zu der allerdings sehr viel Selbstbewusstsein gehört, besteht darin, aus der Not eine Tugend zu machen: Verteilen Sie ein paar Stifte auf dem Tisch, legen Sie einen Aktenordner dazu und entwerfen Sie auf einem großen Blatt schnell ein MindMap mit ein paar Kritzeleien. Vertiefen Sie sich dann völlig in die Arbeit, legen Sie die Stirn in Falten und geben Sie vor, völlig in Ihr kreatives Chaos vertieft zu sein. So wirken Sie zumindest sehr arbeitsam.

Die gleiche Masche funktioniert auch bei komplexeren Zusammenhängen. Stellen Sie sich vor, Sie stehen kurz vor Abgabe eines wichtigen Projekts. Plötzlich merken Sie, dass Sie einen wichtigen Punkt übersehen haben? Ein typischer Perfektionist würde nun alles noch einmal machen – und damit vermutlich den Unwillen des Chefs riskieren. Die bessere Taktik: Stellen Sie flugs ein paar Schlagworte zu diesem Punkt in den Raum und erläutern Sie dann, warum dieser Punkt absolut unwichtig ist.

Tipp

Sie merken schon: Unperfekte Dinge als perfekt darzustellen, erfordert ein gewisses Maß an Selbstbewusstsein und auch etwas Übung. Aber wenn Sie es ausprobieren, werden Sie überrascht feststellen, dass es nur darauf ankommt, den richtigen Ton zu treffen und eine Sache richtig zu verkaufen. Sie werden sehen, dass Sie sich mit einigen Dingen viel leichter tun können, als Sie bislang geglaubt haben. Und Sie werden sich am Ende fragen: Warum bin ich nicht schon früher darauf gekommen?

Warum Perfektionisten beim Chef schlecht ankommen

Auch Ariane geht das so: Eine Woche nach der Präsentation geht es in einem Mitarbeitergespräch um die Neubesetzung einer Abteilungsleiterstelle. Ariane rechnet sich aufgrund ihrer, wie sie glaubt, überdurchschnittlichen Leistungen gute Chancen auf die Stelle aus. Schließlich kann sie gut und effizient organisieren. Sie ist durch ihre hohen Erwartungen zu Höchstleistungen fähig und erwartet die auch von anderen. Zudem ist sie verantwortungsbewusst und lässt, wenn sie sich einmal etwas vorgenommen hat, nicht mehr locker, sondern verfolgt ihr Ziel, bis sie es erreicht hat. Alles Eigenschaften, die sie, so findet Ariane, hervorragend für die Abteilungsleiterstelle qualifizieren. Darüber hinaus ist sie ihrer Meinung nach die Einzige, die in dem Laden auch einmal den Mut hat zu sagen, was Sache ist: „Ich bin die Einzige, die den Mund aufmacht und den Finger auf den wunden Punkt legt“, erzählt sie stolz zu Hause. Bei diesem mutigen und couragierten Einsatz muss ihr die Beförderung doch eigentlich sicher sein, so meint sie.

Ihr Chef sieht das anders und hat gleich eine ganze Latte von Punkten, die ihn daran hindern, Ariane zur Abteilungsleiterin zu machen. Sicherlich, das weiß er, ist sie eine gute Arbeitskraft. Aber eine, die man mit Samthandschuhen anfassen muss. Was ihn vor allem stört, ist Arianes Hang, ständig andere Menschen zu kritisieren. Letzte Woche hat sie ihm sogar ziemlich unverblümt vorgeworfen: „Chef,

Sie geben die Berichte immer erst so spät rein. Machen Sie das mal etwas früher." Unverschämtheit, ihm das in diesem Ton zu sagen. Wahrscheinlich würde Ariane als Abteilungsleiterin genauso direkt kritisieren – so etwas kann Mitarbeiter genauso demotivieren wie Arianes ständiger Pessimismus. Warum muss sie nur immer alles so negativ sehen und aus jedem kleinen Problem gleich eine Katastrophe machen? Das geht ja jetzt schon, wo sie noch gar keine Führungskraft ist, vielen Kollegen gehörig auf den Wecker.

Gleichzeitig darf man ihr aber nicht sagen, wenn etwas falsch läuft, sie schnappt sofort ein und ist absolut nicht in der Lage, zu ihren Fehlern zu stehen. Dadurch nimmt sie sich auch die Chance, sich weiterzuentwickeln. Arianes Verhalten diesbezüglich hat ihn schon das eine oder andere Mal hilflos gemacht. Man kann ihr nur behutsam und Schritt für Schritt zeigen, wenn sie etwas nicht richtig gemacht hat. Das ist auf Dauer sehr anstrengend. Und da ist noch dieser unsympathische Zug, dass sie immer recht behalten will. Außerdem arbeitet sie häufig ineffizient, weil sie sich in Projekten auf unwichtige Details konzentriert, statt das große Ziel im Auge zu behalten. Wenn sie mit Kollegen am selben Projekt arbeitet, hält sie die andere mit weitschweifigen Erklärungen von ihren Aufgaben ab und glaubt zudem, sie könne alles besser. Und zu guter Letzt ist Ariane absolut nicht in der Lage, eine vernünftige Entscheidung zu fällen. Denn offenbar hat sie zu große Angst, Fehler zu machen und kann sich daher nur selten zu einer Entscheidung durchringen. Welche Abteilungsleiterin aber würde Ariane abgeben, wenn sie nicht in der Lage ist zu entscheiden. Kurz, für den Chef ist es eine ausgemachte Sache: Ariane bleibt besser in ihrer jetzigen Position. Als Abteilungsleiterin ist sie eine glatte Fehlbesetzung.

Das können Sie besser!

Ariane ist irritiert, dass am Ende nicht sie, sondern Petra die Abteilungsleiterstelle bekommt. Ausgerechnet Petra, die doch viel weniger arbeitet als sie, dabei aber immer eine Riesenshow abzieht. Ariane ärgert sich. Wie hat die das nur geschafft?

Wenn Sie ein eingefleischter Perfektionist sind, kennen Sie vielleicht die unschöne Situation, dass Kollegen, von denen Sie das überhaupt nicht geglaubt hätten, um Längen an Ihnen vorbeiziehen. Sie können sich keinen Reim darauf machen? Die Antwort ist ganz einfach: Erfolg hängt oft nicht von Leistung, sondern auch davon ab, ob der Chef einen Mitarbeiter sympathisch findet oder nicht. Das klingt zwar auf den ersten Blick ungerecht – doch warum eigentlich? Statt sich über diese typisch menschliche Verhaltensweise zu ärgern, sollten Sie diese lieber auch zu Ihren Gunsten nutzen.

So wie Petra. Sie hat es verstanden, sich die Sympathie ihres Chefs zu sichern. Ihre Taktik dabei ist ganz einfach: Sie weiß, was der Chef wünscht. Dafür muss sie nicht einmal hellsehen können – einfaches Zuhören reicht. Denn der Chef lässt gern mal Bemerkungen fallen, wie „Das sollte dringend abgestellt werden ...", „Darum sollte sich mal jemand kümmern ..." oder „Könnten wir da nicht auch mal ...". Petra tut, kann und kümmert sich! Wo Ariane sich als typische Perfektionistin jedes Mal dachte: „Das ist doch völlig unnötig, und wenn er es will, dann wird er es doch wohl selbst können", war Petra schon aufgesprungen, um ihrem Chef lästige Probleme abzunehmen oder Herzenswünsche zu erfüllen. Da ist zum Beispiel das Protokoll des wöchentlichen Meetings, das zu schreiben Petra mit Begeisterung übernommen hat. Jede Woche tippt sie nun ihr Gekritzel ab und verschickt es dann sauber per E-Mail – wohl wissend, dass keiner das Protokoll auch nur ansehen wird. Ebenso unnötig sind die Excel-Tabellen, mit denen sich Petra seit einem halben Jahr herumplagt, auch wenn diese niemand wirklich braucht. Aber warum tut sie das? Der Chef hat durchblicken lassen, dass ihm die Meeting-Protokolle und Excel-Tabellen außerordentlich wichtig sind. Dass Petra sich überhaupt mit solchen, in ihren Augen unwichtigen und oberflächlichen Aufgaben befasst, verschlägt Ariane glatt die Sprache: Sie kümmert sich lieber um die Arbeiten, die sie für wirklich wichtig hält: Sie rechnet zum fünften Mal die Kalkulation durch, damit auch ja kein Fehler enthalten ist. Oder Sie versucht, Einsparpotenziale zu finden, damit den Kunden noch günstigere Angebote unterbreitet werden sollen. Pech nur, dass ihre akribische Fehlersuche gar nicht bemerkt wird.

> Es gibt verschiedene Typen von Menschen unter Chefs und Kollegen. Einige reagieren vor allem auf emotionale Argumente, andere eher auf Zahlen. Einige sind cholerisch veranlagt, andere eher Jammerlappen. Jeder hat seinen eigenen Sprachstil und seine Art zu kommunizieren. Finden Sie heraus, wie Ihr Chef funktioniert. Nur dann können Sie die richtigen Knöpfe bei ihm drücken.

In den letzten Monaten hat der Chef angedeutet, dass er sich von seinen Mitarbeitern mehr Einsatz wünscht. Ariane will daraufhin ihrem Chef zeigen, wie ernst sie seine Anregung nimmt. Es gelingt ihr mit erheblicher Anstrengung, die Effizienz und den Gewinn ihres Verantwortungsbereiches zu steigern. Petra hat die Äußerung des Chefs ganz anders verstanden. Sie meldet sich in Meetings jetzt viel öfter zu Wort und ist die Erste, die sich für wichtige Kundenpräsentationen bewirbt. Wie aber wird der Chef reagieren? Während Ariane glaubt, der Chef werde ihren Einsatz schon zu würdigen wissen, überlässt Petra das nicht dem Zufall, denn der Chef soll ihre Leistung auf jeden Fall bemerken. Daher spricht sie ihn ganz gezielt darauf an: „Erinnern Sie sich noch, dass Sie letzten Monat mehr Einsatz von Ihren Mitarbeitern gefordert haben? Ich habe nun mehrere erfolgreiche Verkaufspräsentationen hinter mich gebracht. Was halten Sie davon?"

Sie wissen, wer am Ende mit seiner Taktik die Nase vorn hat. Das ist nicht Ariane mit ihrer fleißigen Leistungsbereitschaft bis zur Selbstaufopferung – es ist Petra, die vor allem weiß, wie man seine Leistungen präsentiert. Der Chef ist, wie wir gesehen haben, tatsächlich von Petras Einsatz deutlich mehr angetan als von Arianes Bemühungen. Es geht nämlich nicht nur darum, Spitzenleistungen zu vollbringen, sondern man muss auch darüber reden und seine Leistungen entsprechend darstellen. Sie müssen sich klarmachen, dass der „Nasenfaktor", also die Sympathie, die ein Chef für Sie empfindet, manchmal mehr zählt als die beste Top-Leistung. Auch wenn Ihnen das, da Sie ein ausgemachter Perfektionist sind, vielleicht nicht so recht passen will – Sie tun sich leichter, wenn Sie diese Tatsache gelegentlich, und bald immer öfter!, beherzigen.

To do

Hören Sie zu, was der Chef sich wünscht. Immer wenn Sie Ihrem Chef Wünsche erfüllen oder Probleme abnehmen, sammeln Sie Sympathiepunkte. Darauf kommt es im Job nun einmal an!

Wollen Sie wirklich perfekt sein?

Ob Schwarz-Weiß-Denken, Grübelei, Angst vor Fehlern und Kritik, Unentschlossenheit, Rigidität, Aufschieberitis, Kontrollsucht – nachdem Sie dieses Buch gelesen haben, kennen Sie die verschiedenen Facetten des Perfektionismus. Sie wissen, welche Ausprägungen er gerade im Berufsalltag hat und welche Probleme er dort bereiten kann.

Auch wenn es verständlich ist, dass Sie gerade im Job, wo Sie stets perfekt funktionieren sollen, danach streben, alles 110-prozentig zu machen. Auch wenn Spitzenleistungen Sie manchmal weiterbringen können. Die vielen Beispiele haben deutlich gemacht, dass übertriebener Perfektionismus sehr schnell zum Bumerang werden kann, der dazu führt, dass Sie sich im Hamsterrad drehen, statt die Karriereleiter hinaufzuklettern.

Tipp

Achten Sie einfach mal ein wenig darauf, wie oft Sie perfektionistische Verhaltensweisen an den Tag legen. Rufen Sie sich wieder in Erinnerung, welche Nachteile übertriebener Perfektionismus haben kann. Machen Sie sich dann klar, dass dieser hausgemachte Druck und Stress gar nicht nötig ist.

Lohnt es sich nicht doch, manchmal einfach etwas weniger perfektionistisch zu sein? Natürlich fällt es Ihnen nicht ganz leicht, von den hohen Erwartungen an sich und andere abzurücken – denn die hohen Ansprüche gelten ja eigentlich als etwas Positives. Vielleicht fragen Sie sich, ob es wirklich gut ist, manche Detailaufgaben weniger gründlich zu machen oder wirklich weniger hart zu arbeiten. Doch denken Sie daran, wie oft Sie sich mit Ihrem Perfektionismus selbst unter Druck setzen, wie schwierig es ist, Fehler zu vermeiden und wie oft Sie durch Ihre hohen Ansprüche und Ihren Wunsch, alles kontrollieren zu wollen, schon bei anderen angeeckt sind. Das sollte Sie motivieren, in kleinen Schritten diese Verhaltensweisen zu ändern. Ich würde mich freuen, wenn dieses Buch dazu einen Beitrag geleistet hätte!

Über die Autorin

Simone Janson schreibt als Journalistin u.a. für *stern.de,* die *Financial Times Deutschland* und *ChangeX*. Ihre Schwerpunkthemen sind Bildung, Karriere und Wirtschaft. Sie hat mehrere Bücher veröffentlicht, darunter *Selbstorganisation und Zeitmanagement* beim Redline Verlag. Unter www.berufebilder.de bloggt sie regelmäßig und gibt Survival-Tipps und Hintergrundinformationen rund um den Job.

Weitere Informationen siehe: www.simone-janson.de

Kommentiertes Literaturverzeichnis

Albert, Jochen, 2006: Besser entscheiden. Gebrauchsanweisung für Unentschlossene, Frankfurt am Main. (Gut strukturiertes, vielleicht aber etwas trockenes Buch, das für Unentschlossene zahlreiche Entscheidungstechniken parat hält.)

Allen, David, 2002: Wie ich die Dinge geregelt kriege. Selbstmanagement für den Alltag, München. (Eine strukturierte Anleitung zum räumlichen und mentalen Aufräumen, die hilft, produktiver zu arbeiten.)

André/Légeron, 1999: Bammel, Panik, Gänsehaut. Die Angst vor dem anderen, Leipzig. (Buch über soziale Phobien, die auch so manchen Perfektionisten betreffen. Das Buch ist leicht lesbar, reiht aber leider vor allem eine Krankheitsgeschichte an die nächste und hält kaum praktische Übungen bereit.)

Atkinson, John William, 1975: Einführung in die Motivationsforschung, Stuttgart. (Wissenschaftliche Darstellung von Leistungsmotivation und Risikowahlmodell.)

Bauer, Joachim, 2006: Prinzip Menschlichkeit. Warum wir von Natur aus kooperieren, Hamburg. (Der Medizinprofessor belegt mit neuesten Erkenntnissen aus Neurobiologie, Epigenetik und Verhaltensforschung, warum Kooperation und nicht Kampf das Überleben des Menschen sichern – fachlich fundiert und sehr verständlich.)

Baum, Tanja, 2001: Die Kunst, freundlich *Nein* zu sagen. Konsequent und positiv durch Beruf und Alltag, Frankfurt am Main. (Sehr guter Ratgeber darüber, wie man sich freundlich, aber bestimmt *nicht* alles gefallen lässt. Gerade für unsichere Perfektionisten, die schnell übertrieben auf Forderungen reagieren, sehr nützlich. Weitere Informationen: http://www.agentur-fuer-freundlichkeit.de)

Beck, Judith S., 1999: Praxis der kognitiven Therapie, Weinheim. (Eine profunde und praxisnahe Einführung in diese Therapieform, die sich vor allem an Fachleute aus der psychologischen Praxis richtet.)

Becker, Irene/Meyer-Kles, Jutta, 2004: Lieber schlampig glücklich als ordentlich gestresst. Wege aus der Perfektionismusfalle, Frankfurt am Main. (Buch vor allem für weibliche Perfektionisten mit sehr vielen Übungen zu allen Lebenslagen.)

Braig, Axel/Renz, Ulrich, 2001: Die Kunst, weniger zu arbeiten, Frankfurt am Main. (Ein Buch, das offenbar aus einer Burn-out-Situation entstand und vor allem zeigt, wie man es nicht machen sollte.)

Caspary, Ralf (Hrsg.), 2006: Lernen und Gehirn. Der Weg zu einer neuen Pädagogik, Freiburg im Breisgau. (Sehr informativer kleiner Band zum Stand der Hirnforschung und deren Bedeutung für die Pädagogik.)

Croisile, Bernard (Hrsg.), 2006: Unser Gedächtnis. Erinnern und Vergessen, Darmstadt. (Sehr anschaulich, fast wie ein Lexikon, illustriert dieser Band die Funktionen unseres Gehirns. Mit vielen Gedächtnisübungen.)

Cube, Felix von/Dehner, Klaus/ Schnabel, Andreas, 2003: Führen durch Fordern. Die BioLogik des Erfolges, München. (Der Mensch kann dann am besten arbeiten, wenn er gemäß seiner evolutionären Energiepotenziale gefordert wird – und zwar durch Anerkennung, reizvolle Herausforderungen, Vertrauen und Bindung. Sehr interessantes und optimistisches Buch.)

DPA, 2004: Arbeitsmedizin. Jobfrust macht Krank, Focus-Online vom 27.08.2004 unter: http://www.focus.de/gesundheit/news/arbeitsmedizin_nid_5948.html (Beitrag über fehlende Wertschätzung in Unternehmen.)

D'Zurilla, Thomas J./Nezu, Arthur M., 1999: Problem-Solving-Therapy: A Social Competence Approach to Clinical Intervention, New York. (Eine Einführung, die sich mit dem Fachvokabular eher an Fachleute denn an Laien richtet.)

Ellis, Albert, 1997: Grundlagen und Methoden der Rational-Emotiven Verhaltenstherapie, München. (Das Buch stellt auf wissenschaftlicher Grundlage Ansätze und Erfahrungen dieser Therapieform vor und wendet sich vor allem an Fachleute.)

Englisch, Gundula, 2005: Warum lacht niemand über Arbeitslose? Wir fragen – Eine changeX-Serie in 30 Folgen. Folge 4, 15.04.2005, in: changeX. Das unabhängige Online-Magazin für Wandel, Wirtschaft und Gesellschaft. http://changex.de/d_a01889.html (als Textbeitrag oder Audiodatei.)

Farson, Richard/Keyes, Ralph, 2002: Whoever Makes the Most Mistakes Wins: The Paradox of Innovation, Belrose. (Sehr gutes Buch darüber, wie Risiken und das Akzeptieren von Rückschlägen zum Erfolg führen.)

Fassel, Diane, 1994: Wir arbeiten uns noch zu Tode. Die vielen Gesichter der Arbeitssucht, München. (Anschaulicher Ratgeber zum Thema Arbeitssucht, psychologische Details werden auch für Laien verständlich beschrieben.)

Ferriss, Timothy, 2007: The 4-Hour Workweek, New York. (Der Autor des Buches erläutert, wie man mit nur vier Stunden Arbeit in der Woche dennoch ausreichend Geld verdient. Die Tipps sind nicht alle umsetzbar, aber als Denkansatz durchaus interessant.)

Freemann, Arthur/DeWolf, Rose, 2004: Die 10 dümmsten Fehler kluger Leute. Wie man klassischen Denkfallen entgeht, München. (Sehr gutes, anschauliches Buch, in dem die häufigsten Denkfallen knapp und anschaulich beschrieben und Lösungsansätze aufgezeigt werden.)

Grötzebach Claudia/Von der Meden, Barbara, 2003: Kompetent entscheiden und verantwortungsbewusst handeln, Stuttgart. (Lehrbuch zum Zertifikat Xpert Personal Business Skills, mit vielen praxisorientierten Übungen, auch als Arbeitsbuch für zu Hause sehr gut zu gebrauchen.)

Grosse-Halbuer, Andreas/Frese, Michael, 2006: Wunderbares Rohmaterial. Michael Frese im Interview, in: Wirtschaftswoche, 22.06.2006. (Interview der Wirtschaftswoche mit dem Gießener Organisationspsychologen Michael Frese über den fruchtbaren Umgang mit Fehlern, über unausweichliches Versagen und die schädlichen Folgen verängstigter Mitarbeiter, zu finden unter: http://www.wiwo.de/unternehmer-maerkte/wunderbares-rohmaterial-153152/)

Härter, Gitte, 2005: Ja, Nein, Vielleicht? Entscheidungen leichter treffen, Nürnberg. (Fallbeispiele aus dem Alltag, Checklisten und hilfreiche Übungen, eine gute Struktur und ein lebendiger Stil helfen beim Entscheiden. Doch auch wenn es manchmal wirklich sinnvoll ist, Entscheidungen derart umfassend zu überdenken, wünscht man sich in anderen Fällen einfachere Lösungen.)

Hammer, Sabine S., 2007: Stimmtherapie mit Erwachsenen, Berlin. (Solide Grundlage für den Einstieg in die Stimmtherapie, die sich jedoch eher an Fachleute auf diesem Gebiet richtet.)

Hansen, Katrin, 2004: Zeit- und Selbstmanagement, Berlin. (Die Autorin überträgt moderne Managementmethoden auf die Lebensführung des Einzelnen. Das mit vielen betriebswirtschaftlichen Fachbegriffen angereicherte Buch soll seinen Lesern zu einem systematischen Selbstmanagement verhelfen, bleibt aber trotz vieler Beispiele sehr theoretisch.)

Hochreither, Peter, 2004: Erfolgsfaktor Fehler! Persönlicher Erfolg durch Fehler, Göttingen. (Interessantes Buch mit vielen Handlungsanleitungen zur Fehlerkultur in Unternehmen, leider keine Handlungsalternativen für den Fall, wenn man sich angreifbar gemacht hat.)

Hoellen, Burkhard/ Ungerer, Tomi, 2006: Don't hope, cope! Mut zum Leben, Tübingen. (Anders als der Titel vermuten lässt kein oberflächlicher Ratgeber, sondern ein sehr sachliches Buch, das auch schwierige Themen anpackt. Viele fachliche Informationen aus der psychologischen Praxis, mit zahlreichen Illustrationen von Tomi Ungerer liebevoll gestaltet.)

Hüther, Gerald, 1997: Biologie der Angst. Wie aus Stress Gefühle werden, Göttingen. (Ein Buch, das Ängste und Stress mit den Erkenntnissen der modernen Neurobiologie erläutert.)

Janert, Josefine, 2006: Deutsche Unternehmen. Fehlende Fehlerkultur, in: Frankfurter Allgemeine Zeitung, Nr. 94, 22.04.2006, S. 57. (Sehr informativer Artikel über die aktuelle Fehlerkultur in deutschen Unternehmen.)

Jansen, Fritz / Streit, Uta, 2006: Positiv lernen, Heidelberg. (Sehr guter, übersichtlicher Band über Lernverhalten und Lernstörungen, mit zahlreichen Praxisbeispielen und lernpraktischen Übungen.)

Janson, Simone, 2007a: Selbstorganisation und Zeitmanagement, Heidelberg. (Ratgeber, der nicht nur Existenzgründern zeigt, wie sie durch eine gute Organisation effizienter und erfolgreicher arbeiten.)

Janson, Simone, 2007b: Endlich schlagfertig. Erfolgreich argumentieren & überzeugen, Düsseldorf. (Zahlreiche rhetorische Tipps passend für jede Situation im Berufsalltag.)

Kreutzer, Karin, 2003: Angst vor Fehlern? Schwerer Fehler! Ein Buch für erfolgsmutige Frauen und solche, die es werden wollen, Graz. (Ratgeber einmal anders: In zehn Kapiteln wird dargestellt, wie die ehrgeizige Protagonistin damit umgeht, nicht perfekt zu sein und Fehler zu machen. Nicht nur für Frauen geeignet. Auf der Website der Autorin http://www.konzeptpr.at finden sich unter *Presse > Archiv* zahlreiche informative Presseberichte und Studien zum Thema Fehlerkultur.)

Latour, Bernd, 2004: Um keine Antwort verlegen. Wie man Wortgefechte gewinnt, München. (Sehr kluger Ratgeber zur Schlagfertigkeit, der nicht nur rhetorische Kniffe vermittelt, sondern auch das, was dahintersteckt anschaulich erläutert.)

Lotter, Wolf, 2006: Der Pudding, der Nagel und die Wand, in: brand eins 06/2005, 50-59. (Sehr guter Artikel zum Thema Kommunikation in Unternehmen, der auch die Unentschlossenheit vieler Führungskräfte beschreibt, download unter: http://www.brandeins.de)

Lotter, Wolf, 2007: Fehlanzeige, in: brand eins 08/2007, 44-53. (Artikel über die Fehlerkultur in Unternehmen, download unter: http://www.brandeins.de)

Maier, Corinne, 2005: Die Entdeckung der Faulheit. Von der Kunst, bei der Arbeit möglichst wenig zu tun, München. (Ein als Ratgeber getarntes Pamphlet gegen die moderne Unternehmenskultur, sehr vergnüglich, wenn auch nicht immer ganz ernst zu nehmen.)

Mallinger, Allan E./De Wyze, Jeannette, 2001: Gnadenlos perfekt. Die Kunst, zwanghaften Perfektionismus zu überwinden, München. (Dieses gut strukturierte Buch eines Psychologen und einer Journalistin beschreibt alle wichtigen „Symptome" des Perfektionismus – leider werden Perfektionisten durchgehend als „Zwanghafte" bezeichnet. Aus diesem Buch stammt der zutreffende Begriff „kosmischer Buchhalter".)

Marina, José Antonio, 2006: Lob der Intelligenz. Oder die Überwindung der Dummheit, Darmstadt. (Intelligenz ist nicht nur die Fähigkeit, vernünftig zu denken, sondern seine Gedanken auch effizient umzusetzen. Lobina macht interessante Ausführungen zu Vorurteilen, Dogma- und Fanatismus.)

Mehrabian, Albert, 1971: Silent messages, Belmont. (Untersuchungen über die herausragende Bedeutung von Stimme, Gestik und Mimik in unserer Wirkung auf andere.)

Panse, Winfried/Stegmann, Wolfgang, 2006: Angst – Macht – Erfolg. Erkennen Sie die Macht der konstruktiven Angst, München. (Ein interessantes Buch, das dem oft tabuisierten Thema Angst auch positive Aspekte abgewinnt.)

Poppelreuter, Stefan, 1996: Arbeitssucht. Integrative Analyse bisheriger Forschungsansätze und Ergebnisse einer empirischen Untersuchung zur Symptomatik, Witterschlick. (Eine Dissertation zum Thema Arbeitssucht, die einen guten Überblick über die Forschungsgeschichte gibt.)

van Quaquebeke, Niels/Brodbeck, Felix C., 2008: Entwicklung und erste Validierung zweier Instrumente zur Erfassung von Führungskräfte-Kategorisierung im deutschsprachigen Raum, in: Zeitschrift für Arbeits- und Organisationspsychologie, Band 52, 1/2008, S. 70-80. (Aufschlussreiche wissenschaftliche Studie über die Akzeptanz von Führungskräften in Unternehmen. Mehr Informationen unter: http://www.respectresearchgroup.org)

Ramirez Basco, Monika, 2000: Wenn Perfektionismus zur Qual wird ... So befreien Sie sich von zu hohen Ansprüchen, Landsberg am Lech. (Die Psychologin will anhand von vielen Patientengeschichten die verschiedenen Facetten des Perfektionismus verdeutlichen. Durch den weitschweifigen, trockenen Stil aber nicht gerade erbaulich zu lesen.)

Remy, Volker, 2007: Wie man Aufträge angelt und mit Fischen spricht ..., Berlin. (Vergnüglicher Marketing-Ratgeber, der auch interessante Einblicke in die Entscheidungsabläufe deutscher Unternehmen gewährt und zahlreiche Tipps gibt zum Umgang mit Leuten, die entscheiden sollen.)

Roese, Neil, 2007: Ach, hätt' ich doch! Wie man Zweifel in Chancen verwandelt, Frankfurt am Main. (Ausgesprochen lesenswertes Buch eines amerikanischen Psychologen zum Thema kontrafaktisches Denken mit vielen neuen Erkenntnissen.)

Rudzio, Kolja, 2007: Nie wieder Hartz IV, in: Die Zeit, Nr. 16, 12.04.2007. (Artikel, der die aktuellen Positionen zum Grundeinkommen gegenüberstellt; download unter: http://www.zeit.de/2007/16/Grundeinkommen?page=1)

Schilling, Gert, 2002: Zeit optimal nutzen, Stuttgart. (Lehrbuch zum Zertifikat Xpert Personal Business Skills, mit vielen praxisorientierten Übungen, auch als Arbeitsbuch für zu Hause sehr gut zu gebrauchen.)

Schüle, Christian, 2007: In den Fängen der Angst, in: Die Zeit, Nr. 17, 19.04.2007, Dossier, S. 17. (Lesenswerter Artikel zum Thema Angstkrankheiten bei Karrieremenschen, download unter http://www.zeit.de/2007/17/Dossier-Angst?page=all)

Schulz, Gudrun, 2006: Ich habe einen Fehler gemacht, in: BERUFSZIEL. Eine Verlagsbeilage der Süddeutschen Zeitung, Ausgabe 01/März 2006, Rubrik: Lebensziel, S. 4-10. (Der sehr gute und umfassende Artikel zum Thema Fehlerkultur ist auch kostenlos abzurufen unter http://www.berufsziel.de/ > Lebensziel)

Schumacher, Harald/Burgmaier, Stefanie/Grosse-Halbuer, Andreas/Katzensteiner, Thomas/Kiani-Kress, Rüdiger/Kroker, Michael/Steinkirchner, Peter/Ruess, Anette/Welp, Cornelius, 2006: Falsche Entscheidungen. Aus Fehlern lernen und erfolgreicher sein, in: Wirtschaftswoche, 22.08.2008. (Artikel über die Fehlerkultur in deutschen und internationalen Unternehmen, abrufbar unter http://www.wiwo.de/unternehmer-maerkte/aus-fehlern-lernen-und-erfolgreicher-sein-153145/3)

Seligman, Martin, 2005: Der Glücks-Faktor. Warum Optimisten länger leben. Bergisch-Gladbach. (Ein Buch über positive Psychologie mit zahlreichen Tests zur Selbstprüfung, um die eigenen Stärken zu erkennen und zu entwickeln.)

Selye, Hans/Köbcke, Hans, 1953: Einführung in die Lehre vom Adaptionssyndrom, Stuttgart. (Der kanadische Mediziner Hans Selye entwickelte bereits in den 1930ern die Grundlagen für die Lehre vom Stress und vom allgemeinen dreiphasigen Adaptionssyndrom.)

Stern, Ellen-Sue, 1992: Der Superfrau-Komplex, Düsseldorf/Wien. (Die Autorin beschäftigt sich vor allem mit dem Problem vieler weiblicher Perfektionisten, die sich bis zur Selbstaufgabe aufopfern, um unersetzlich zu sein und geliebt zu werden, und gibt einige Tipps zur Lösung des Problems.)

Topf, Cornelia, 2005: Gehaltsverhandlungen für freche Frauen, Heidelberg. (Sehr guter Ratgeber, der nicht nur für Gehaltsverhandlungen taugt, sondern auch Strategien für mehr Erfolg im Berufsalltag aufzeigt.)

Topf, Cornelia, 2006: Durchsetzungsfähigkeit für freche Frauen, Heidelberg. (Ratgeber, der gerade unsicheren Perfektionisten zeigt, wie sie sich im Job mehr Gehör verschaffen.)

Weber, Max, 1991: Die protestantische Ethik. Eine Aufsatzsammlung, Gütersloh. (Klassiker, in dem die vom Protestantismus geprägte Arbeitsmoral als Wegbereiter des Kapitalismus analysiert wird.)

Stichwortverzeichnis

S

T

U

V

W

Z